Vidar Luth-Hanssen

Elektrifisering av saktegående fritidsbåter

En praktisk lærebok for båteiere som vurderer elektrisk fremdrift

Rettelse: Vidar Luth-Hanssen

Korrekturlesing: Klara Mørenskog Lorentzen

Kunstig intelligens er brukt som støtteverktøy i arbeidet med språk, struktur og tekstbearbeiding. Forfatteren har kontrollert og står ansvarlig for det faglige og redaksjonelle innholdet.

Forlag: BoD · Books on Demand GmbH, Postboks 354 Sentrum, 0101 Oslo, bod@bod.no

Trykk: Libri Plureos GmbH, Friedensallee 273, 22763 Hamburg, Tyskland

ISBN: 978-82-845-1630-1

FORDORD

Denne boka er skrevet for båteiere som vurderer elektrisk fremdrift i saktegående fritidsbåter. Målet er å gi en enkel og praktisk innføring før du tar tekniske valg.

Når en båt skal elektrifiseres, må båten, bruken og løsningen vurderes samlet. Derfor legger boka vekt på realistiske vurderinger fremfor raske svar.

Boka bygger på praktisk erfaring med elektrifisering av en tradisjonell fritidsbåt, kombinert med teknisk og pedagogisk interesse. Ambisjonen er å gjøre stoffet lett å forstå, slik at du kan stille bedre spørsmål og ha en tryggere dialog med leverandører, installatører og fagfolk.

Boka er både en lærebok og et beslutningsverktøy. Noen faglige poenger blir derfor gjentatt underveis. Det er gjort bevisst, fordi viktige sammenhenger ofte blir lettere å forstå når de forklares i ulike sammenhenger og knyttes til praktiske valg.

Elektriske anlegg i båt må planlegges og kontrolleres av kvalifiserte fagfolk.

Jeg håper boka gjør det enklere å vurdere om elektrisk fremdrift passer for din båt, og hvilke spørsmål du bør stille før du går videre.

God lesing – og god tur på vannet.

Larvik, juni 2026
Vidar Luth-Hanssen

Innhold

INNLEDNING

Saktegående fritidsbåter er ofte godt egnet for elektrifisering. Denne boka er skrevet for båteiere som vurderer å bytte fra bensin- eller dieselmotor til elektrisk fremdrift.

Elektrifisering skjer i dag i mange deler av båtmarkedet, fra seilbåter og arbeidsbåter til hurtiggående fritidsbåter. Denne boka avgrenser seg til saktegående fritidsbåter, der bruksmønster, skrogform og energibehov ofte gjør elektrisk fremdrift særlig relevant og praktisk.

Boka gir leseren nok forståelse til å stille gode spørsmål, vurdere egen båt og ta tryggere valg. Elektrifisering av båt handler om å forstå sammenhengen mellom fart, rekkevidde, batteristørrelse, lading, sikkerhet, økonomi og hvordan båten faktisk brukes.

Et sentralt poeng i boka er derfor at elektrifisering starter med bruksmønsteret. En båt som brukes til rolige dagsturer i nærområdet, har helt andre behov enn en båt som skal gå lange etapper i strøm, vind og bølger. Når du kjenner ditt eget behov, blir det lettere å vurdere hvilke tekniske løsninger som passer.

Om forfatteren

Vidar Luth-Hanssen er ingeniør, har fagbrev som e-verksmontør og lang erfaring fra praktisk arbeid i næringslivet. Han har senere arbeidet med undervisning, fagutvikling og teknologi i fagskolesektoren og ved OsloMet. I voksen alder tok han en master i nettundervisning, noe som har gitt ham et solid pedagogisk og digitaldidaktisk grunnlag.

Denne boka springer ut av en praktisk og faglig interesse for elektrifisering av saktegående fritidsbåter. I arbeidet med boka har Vidar selv elektrifisert en Polar 22, en tradisjonell fritidsbåt som egner seg godt til rolig og energieffektiv gange. Han installerte en elektrisk innenbordsmotor på 5 kW og et batteri på 5 kWh. Løsningen ble testet gjennom en sommersesong, og erfaringene var svært positive.

Det som overrasket ham mest, var hvor godt båten fungerte i praktisk bruk. Ved en fart på omtrent 4,5 knop, litt under skroghastigheten, trenger båten bare rundt 600 watt for å holde jevn marsjfart under rolige forhold. På en tur i Viksfjorden i Larvik på cirka tre timer har han ofte kommet tilbake til havnen med 40–50 prosent igjen på batteriet.

Etter turen lades batteriet i båthavnen med en vanlig 230 V-lader som trekker omtrent 5 A. Etter rundt tre timer er det normalt fulladet. Denne erfaringen viser hvor viktig det er å tilpasse fart, batterikapasitet og bruksmønster til båtens egenskaper.

Målet med boka er å gi båteiere et enkelt, saklig og faglig trygt grunnlag for å stille gode spørsmål, gjøre realistiske vurderinger og ta bedre valg før de går videre med elektrisk fremdrift. Kombinasjonen av praktisk erfaring, teknisk forståelse og pedagogisk interesse preger både innholdet og formen.

Slik bruker du boka

Les gjerne boka i rekkefølge første gang. De første kapitlene gir deg den grunnleggende forståelsen du trenger for å vurdere skrog, fart, motor og batteri. Senere kapitler kan brukes som oppslagsverk når du skal sammenligne løsninger, vurdere alternativer eller snakke med leverandører.

Elektrifisering blir langt enklere når du kan beskrive ditt eget bruksmønster med konkrete tall, for eksempel typisk fart, vanlig turvarighet, lengste realistiske dagstur og hvilke lademuligheter du har.

Slik blir boka både en innføring og et praktisk arbeidsverktøy. Den skal hjelpe deg med å forstå de viktigste valgene før du investerer i utstyr, bestiller installasjon eller går videre i dialog med fagfolk.

Viktig avgrensning

Boka gir generell opplæring og beslutningsstøtte. Prosjektering, installasjon og kontroll må utføres av kvalifiserte fagfolk.

Elektriske anlegg i båt kan føre til brann, støt, kortslutning og alvorlige skader hvis de installeres feil. Bruk derfor boka som grunnlag for forståelse, planlegging og dialog med leverandør, installatør, båtbygger eller sakkyndig kontrollør.

Dette er den første boka i en planlagt serie om elektrifisering av fritidsbåter. Her ligger hovedvekten på grunnleggende forståelse, praktiske vurderinger og beslutningsstøtte for båteiere som vurderer elektrisk fremdrift. Den neste boka går dypere inn i det tekniske systemet og ser nærmere på blant annet batterier, BMS, motorstyringer, DC- og AC-motorer, kabler, vern og kommunikasjonssystemer som CAN-buss.

Innholdet gir generell opplæring og praktisk forståelse. Prosjektering, installasjon, kontroll og konkrete vurderinger må utføres av kvalifiserte fagfolk.

Elektriske anlegg i båt må vurderes ut fra den enkelte båt, komponentvalg, bruksmønster, miljøforhold og gjeldende krav. Forfatteren har det redaksjonelle ansvaret for bokas innhold, men påtar seg ikke ansvar for skader, tap eller feil som følge av installasjoner, ombygginger eller praktiske valg gjort uten nødvendig faglig vurdering.

HVORFOR ELEKTRIFISERE FRITIDSBÅTEN?

Dette kapitlet gir rammen for hele boka. Elektrifisering handler om å få båt, energi, fart, rekkevidde og bruksmønster til å passe sammen.

For mange båteiere starter interessen for elektrisk fremdrift med et enkelt spørsmål: Kan båten bli stillere, enklere og mer behagelig å bruke? Svaret kan være ja, men bare dersom løsningen passer til båten og måten den brukes på. Derfor begynner dette kapitlet med de viktigste vurderingene du bør gjøre før du går videre til motor, batteri og lading.

Hva ønsker du egentlig å oppnå med elektrifisering?
For noen handler det først og fremst om mindre støy og roligere turer. For andre handler det om midre vedlikehold, lokalt utslippsfri drift, enklere manøvrering eller muligheten til å bruke båten oftere uten å tenke på motorservice, drivstofflukt og startproblemer.

Dette er gode grunner, men de må vurderes opp mot båtens faktiske egenskaper. To båter med samme lengde kan ha svært ulik vekt, propell, skrog og energibehov. Derfor er beregninger nyttige som startpunkt, men de gir aldri en full garanti for hvordan båten vil oppføre seg i praktisk bruk.

Når elektrisk drift passer best
Elektrisk fremdrift passer best når båten brukes i moderat fart, turene er relativt forutsigbare, og lading kan skje mellom turene. Dette gjør mange saktegående fritidsbåter godt egnet for elektrifisering, særlig dersom de brukes til dagsturer, transport i nærområdet eller rolig ferdsel i skjermet farvann.

Samtidig finnes det båter og bruksmønstre der elektrisk drift kan bli krevende. Dersom båten ofte skal gå langt, raskt, tungt lastet eller uten sikker tilgang til lading, øker kravene til batterikapasitet, motoreffekt og planlegging. Da kan løsningen bli både dyrere, tyngre og mindre praktisk enn forventet.

Elektrifisering kan likevel være mulig. Behovet må undersøkes grundig før du bestemmer deg.

Den viktigste endringen: å tenke energiplan

Med forbrenningsmotor er mange vant til å tenke på tankvolum og drivstofforbruk per time. Har du nok diesel eller bensin på tanken, kommer du som regel frem. Med elektrisk drift må du tenke litt annerledes. Da handler det først og fremst om hvordan energien brukes underveis.

Du kan se på batteriet som båtens energikonto. Hver gang motoren går, tar den ut energi fra denne kontoen. Kjører du rolig, bruker du lite. Øker du farten, blir uttaket større. Kjører du lenge i motvind, med mye last eller i bølger, øker forbruket enda mer. Til slutt er spørsmålet enkelt: Har du nok energi på kontoen til hele turen — og litt reserve i tillegg?

Dette er kjernen i en energiplan. Du må vite omtrent hvor mye energi båten trenger for å gå i ønsket fart, hvor lenge den skal gå, og hvor mye sikkerhetsmargin du bør ha. På samme måte som en turplan hjelper deg å planlegge ruten, hjelper en energiplan deg å planlegge energibruken.

Batteriet er energilageret. Motoren er forbrukeren. Farten er den store kostnadsdriveren. Jo høyere fart båten skal holde, desto raskere tømmes batteriet. Dette gjelder særlig fordi vann gir stor motstand. Når farten øker, må motoren arbeide hardere for å skyve båten fremover. I mange båter kan en liten fartsøkning gi en stor økning i energibruk.

En god elektrisk båt er ofte den som er best balansert. Fart, motor, batteri og lading må passe sammen med båten og bruksmønsteret ditt.

Når energiplanen stemmer, blir båtlivet mer forutsigbart. Du vet hvilken fart som er fornuftig, hvor langt du kan gå, hvor mye reserve du har, og når du må lade. Da blir elektrisk fremdrift både en teknisk løsning og en roligere og mer bevisst måte å bruke båten på.

Fordeler i praktisk bruk

Den fordelen mange legger merke til først, er stillheten. En saktegående båt med elmotor får en annen karakter enn en tilsvarende båt med forbrenningsmotor. Motorlyden forsvinner nesten helt, vibrasjonene blir mindre, og turen får et roligere preg. I stedet for å høre motoren arbeide, blir det lettere å høre vannet langs skroget, vinden rundt båten og lydene fra naturen.

Stillheten gjør også noe med selve båtopplevelsen. Samtalen om bord blir enklere, tempoet oppleves som roligere, og mange får en sterkere følelse av å være nær omgivelsene. For båter som brukes til rolige turer, fiske, transport i nærområdet eller ferdsel i skjermet farvann, kan dette være en stor del av verdien.

En annen viktig fordel er manøvreringen. En elmotor reagerer raskt og presist, særlig ved lav fart. Det gjør det enklere å legge til kai, snu i trange områder og manøvrere kontrollert i havner, kanaler og andre steder der små bevegelser betyr mye. Når motoren svarer jevnt og direkte, blir båten ofte lettere å håndtere.

Elektrisk drift kan også gjøre båthverdagen enklere. Du slipper drivstofflukt, får færre bevegelige deler og reduserer behovet for tradisjonelt motorvedlikehold. Vedlikeholdet blir annerledes, og oppmerksomheten flyttes fra olje, filtre, drivstoffsystem og eksos til batteri, kabler, lading og elektrisk sikkerhet.

For båteiere som ofte bruker båten til korte og rolige turer, kan dette være en viktig del av verdien. Når båten er enkel å starte, behagelig å bruke og lett å lade mellom turene, blir terskelen lavere for å ta en kort tur på vannet.

Begrensninger ved elektrisk fremdrift

Begrensningene ved elektrisk fremdrift er like viktige å forstå som fordelene. En elektrisk båt kan være stillegående, enkel å bruke og behagelig å kjøre. Samtidig må bruken planlegges innenfor rammene som batterikapasitet, lademuligheter og båttype setter.

En av de viktigste begrensningene er batteriet. Batterier veier mye, koster en del og tar plass om bord. I tillegg tar lading tid. Dette gjør at elektrisk fremdrift krever mer planlegging enn mange er vant til fra båter med forbrenningsmotor.

Rekkevidden påvirkes av mange forhold. Vind, strøm, bølger, last, begroing på skroget og valgt fart har stor betydning for hvor mye energi båten bruker. Derfor er det sjelden nok å spørre: «Hvor langt går båten?» Et bedre spørsmål er: «Hvor langt går båten under forholdene jeg faktisk skal bruke den i?»

Dette blir særlig tydelig når bruksområdet endrer seg. En båt som fungerer svært godt elektrisk i skjermet farvann, kan få helt andre utfordringer i åpent vann, motvind eller sterk strøm. Det samme gjelder hvis båten ofte lastes tungt, eller føreren ønsker høyere fart enn den er dimensjonert for med elektrisk drift.

Rekkevidde bør derfor forstås som et område som varierer med forholdene, ikke som ett fast tall. På en rolig dag, med lett last og moderat fart, kan båten bruke lite energi. Med motvind, bølger, strøm og høyere fart kan forbruket øke betydelig.

En trygg elektrisk løsning må derfor ha tilstrekkelig reserve. Båten skal fungere under gunstige forhold og når forholdene blir mer krevende enn planlagt. God planlegging handler om å ha nok energi igjen til å komme trygt frem.

Bokas hovedidé

Bokas hovedidé er enkel: Elektrifisering bør begynne med bruken og båttypen, før motoren velges.

Det kan være fristende å starte med motoreffekt, batteristørrelse og tekniske løsninger. Men før du kommer dit, bør du undersøke hva båten faktisk skal brukes til, og hvordan skroget beveger seg mest effektivt gjennom vannet.

Mange eldre fritidsbåter har skrog som er laget for rolig og jevn fart, ikke høy planingsfart. Slike båter har ofte en naturlig og gunstig **skroghastighet**, der båten går lett gjennom vannet uten at energibruken øker unødvendig mye. Når båten brukes nær denne farten, kan den klare seg med relativt lav motoreffekt og moderat batterikapasitet. Det er en av grunnene til at mange eldre, saktegående båter kan egne seg godt for elektrisk fremdrift.

Dette gjelder særlig båter med deplasementsskrog eller halvplanende skrog som brukes i moderat fart. De er ofte langsomme, men energieffektive når de brukes riktig. I stedet for å tvinge båten opp i en fart den ikke er konstruert for, handler elektrifisering om å finne farten der båten går lett, rolig og forutsigbart.

Før du velger motor, batteri og ladesystem, bør du derfor kunne svare på fire grunnleggende spørsmål:

1. Hvilken fart er mest energieffektiv for båten?
2. Hvor fort skal båten vanligvis gå?
3. Hvor lenge skal den gå mellom hver lading?
4. Hvor stor sikkerhetsmargin trenger du?

Disse spørsmålene danner grunnlaget for resten av vurderingen. Når svarene er tydelige, blir det langt enklere å dimensjonere anlegget. Da kan du vurdere om ønsket fart er realistisk, hvor stort batteri du trenger, hvilken motoreffekt som er nødvendig, hvilken ladeløsning som passer, og hvor mye reserve du bør ha.

Elektrisk fremdrift kan gi en svært god båtopplevelse når løsningen passer til båten, skroget og bruken. Målet med denne boka er å hjelpe deg med nettopp det: å forstå sammenhengene, finne båtens naturlige fart, stille riktige spørsmål og ta tryggere valg før du investerer.

SAMMENHENGEN MELLOM BÅT, ENERGI OG REKKEVIDDE

Hovedpoenget i dette kapitlet er at elektrifisering av båt blir tryggere, enklere og mer forutsigbart når valgene bygger på konkret bruk. Motor og batteri må derfor velges ut fra båten, bruksmønsteret og forholdene den faktisk skal brukes under.

En realistisk vurdering starter derfor med enkle, men viktige spørsmål: Hvor fort skal båten gå? Hvor lenge skal motoren være i bruk? Hvor ofte er lading tilgjengelig? Hvor stor reserve trengs dersom været, strømmen eller lasten blir mer krevende enn planlagt?

Når slike forutsetninger er tydelige, blir det lettere å gjøre gode energiberegninger. Sammenhengen mellom skrog, fart, effektforbruk, batterikapasitet og lading er avgjørende. En lettdrevet båt i moderat fart kan ha lavt energibehov, mens høy vekt, stor fart eller krevende forhold kan øke forbruket betydelig.

Den som forstår disse sammenhengene, har et langt bedre grunnlag for å velge riktig løsning. Da blir elektrifisering både et teknologisk valg og god planlegging. Målet er å finne en løsning som passer til båten, gir nok energi til planlagt bruk og samtidig har tilstrekkelig reserve til å komme trygt frem.

På denne måten kan elektrisk fremdrift bli både praktisk, behagelig og driftssikker. Når motor, batteri og lading dimensjoneres ut fra realistiske behov, øker sjansen for at båten fungerer godt både på papiret og i hverdagen.

Praktisk poeng: Skriv ned bruksmønster, marsjfart, driftstid, lading og reserve før du vurderer motor og batteri. Da blir beregningene et arbeidsverktøy for bedre valg.

Hvilke båter egner seg?
Båter har ulike egenskaper, men brukes de i farten de trives best i, kan de være godt egnet for elektrisk drift.

En nyere båt må vurderes på samme måte som en eldre båt. Dersom den er konstruert for høy fart, stort effektuttak og planing, kan elektrifisering bli mer krevende. Da trengs det ofte større motor, større batteri og mer avansert lading for å oppnå samme bruksmønster. Start derfor med hvordan båten skal brukes, før du legger vekt på årsmodellen.

Vurderingen må alltid ta utgangspunkt i båtens egenart. Vekt, propell, skrogform og bruksmønster kan variere mye, også mellom båter med samme lengde. Beregninger er derfor nyttige som startpunkt, men de må alltid kontrolleres mot praktisk bruk.

Deplasementsbåter
En deplasementsbåt er en båt som beveger seg gjennom vannet ved å fortrenge vann, ikke ved å løfte seg opp og plane på vannflaten.

Snekker, sjarker, innsjøbåter og mange seilbåter er typiske deplasementsbåter. De fortrenger vann når de beveger seg fremover, i stedet for å løfte seg opp og plane på vannflaten.

En deplasementsbåt har vanligvis et naturlig og rolig fartsområde. I dette området beveger den seg effektivt gjennom vannet uten at energibruken blir unødvendig høy. Derfor kan slike båter ofte passe godt til elektrisk fremdrift, særlig til rolige turer, transport i nærområdet, fiske eller ferdsel i skjermet farvann.

Også deplasementsbåter må vurderes samlet. Vekt, skrogform, propell, aksling, plass til batterier og ønsket bruk har stor betydning for hvor enkel elektrifiseringen blir.

En deplasementsbåt bør ikke presses langt over sitt naturlige fartsområde. Når farten nærmer seg skrogets praktiske grense, øker motstanden kraftig. Da kan energibruken stige mye uten at båten går særlig raskere. Batteriet tømmes raskt, uten tilsvarende gevinst i fart.

Ved elektrifisering bør du derfor starte med å finne farten båten går lett og stabilt i. Deretter kan du vurdere hvor lenge den skal gå, hvor mye energi som trengs, hvilke lademuligheter som finnes, og hvor stor reserve som er nødvendig. Slik blir beregningene mer realistiske, og løsningen bedre tilpasset båten.

Halvplanende og planende båter

Halvplanende og planende båter er konstruert for høyere fart enn rene deplasementsbåter. I stedet for bare å fortrenge vann løfter de skroget helt eller delvis, slik at det beveger seg lettere over vannflaten. Det krever mye effekt, særlig i overgangen fra lav fart til plan.

Nettopp denne fasen gjør elektrifisering mer krevende. For å komme opp i plan trengs ofte stor motoreffekt i en kort periode. Deretter kan effektbehovet synke, men energibruken er som regel fortsatt langt høyere enn ved rolig deplasementsfart.

Slike fartøy kan elektrifiseres, men batteribehovet blir ofte stort dersom bruksmønsteret skal være det samme som med forbrenningsmotor. Høy hastighet krever mye energi, noe som gir større batterier, høyere vekt, mer plassbehov, lengre ladetid og økte kostnader. Løsningen kan derfor raskt bli både teknisk og økonomisk krevende.

Også halvplanende og planende båter kan være aktuelle, men bruken må vurderes nøye. Elektrisk fremdrift kan i noen tilfeller fungere dersom fartøyet brukes saktere enn det opprinnelig ble bygget for. Da må man godta et annet bruksmønster. Den elektriske løsningen bør tilpasses den faktiske marsjfarten, ikke toppfarten båten tidligere hadde med bensin- eller dieselmotor.

Denne boka handler derfor hovedsakelig om båter som går rolig og effektivt gjennom vannet. Her kommer elektrisk fremdrift ofte best til sin rett, med lavere energibruk, enklere dimensjonering, mindre batteribehov og mer forutsigbar rekkevidde.

Skriv ned ønsket fart, forventet driftstid, lademuligheter og nødvendig reserve før du regner videre. Det gjør det lettere å vurdere om forventningene er realistiske, og om båten faktisk egner seg for elektrisk fremdrift.

Seilbåter

Seilbåter kan ofte være gode kandidater for elektrisk fremdrift. Motoren fungerer i mange tilfeller som et hjelpemiddel. Den brukes gjerne ved havnemanøvrering, i vindstille perioder, gjennom trange sund eller på korte transportetapper der seil ikke er praktisk.

Dette passer godt med egenskapene til elektrisk drift. En elmotor gir rolig gange, lite støy og presis kontroll ved lav fart. Det kan være en stor fordel når båten skal manøvreres i havn, legges til kai eller gå forsiktig gjennom områder med liten plass. For mange seilbåteiere kan dette gi en mer behagelig og kontrollert opplevelse enn en tradisjonell dieselmotor.

Samtidig bør vurderingen være grundig. Selv om motoren ofte brukes lite, kan den være svært viktig når den først trengs. En seilbåt kan havne i situasjoner der motoren må gå over lengre tid, for eksempel ved motvind, sterk strøm, dårlig sikt eller krevende innseiling. I slike tilfeller handler motor og batterikapasitet både om komfort og sikkerhet.

Seilbåter må likevel vurderes konkret. Vekt, våt flate, propell, skrogform og faktisk bruk avgjør hvor mye energi som trengs. Lengde alene sier lite om hvor godt båten egner seg.

Beregninger av effektbehov, batterikapasitet og rekkevidde gir et godt utgangspunkt, men må alltid vurderes mot praktisk bruk. Vind, strøm, bølger, last, begroing på skroget og valgt fart kan endre energibruken betydelig.

Når antakelsene er tydelige, blir det lettere å se om batteriet er stort nok, om bruksmønsteret må justeres, og om løsningen kan bli trygg og velfungerende.

Snekker og tradisjonelle fritidsbåter

Snekker og andre tradisjonelle fritidsbåter er ofte gode kandidater for elektrisk fremdrift. De har vanligvis lav marsjfart, relativt god plass om bord og et bruksmønster som passer godt med batteridrift. Mange bruker snekka til dagsturer, fiske, korte transportetapper eller rolige kveldsturer. I slike tilfeller kan stillhet, lite vibrasjon og lavt vedlikeholdsbehov ha stor verdi.

En snekke er som regel ikke laget for høy fart. Den skal heller gå jevnt og rolig gjennom vannet. Dette passer godt med elektrisk drift, fordi energibruken ofte blir mer håndterbar ved moderat fart. Når båten brukes i rolig tempo, kan motoren arbeide effektivt, og batteriet gi praktisk og forutsigbar rekkevidde.

Snekker må likevel vurderes enkeltvis. Vekt, propell, våt flate og skrogform kan gi store forskjeller i energibehov, selv mellom båter med samme lengde.

Bruksmønsteret har også stor betydning. En snekke som brukes til korte turer i skjermet farvann, kan være enkel å elektrifisere. Dersom båten derimot ofte går i sterk strøm, motvind eller åpent farvann, må løsningen planlegges med større reserve. Det samme gjelder hvis den ofte lastes tungt, eller dersom føreren ønsker å presse båten opp i høyere fart enn den egentlig trives med.

Beregningene gir et godt startpunkt, men må prøves mot virkeligheten på sjøen. Vind, bølger, strøm, last, begroing og valgt fart kan endre energibruken betydelig.

Når dette er avklart, blir det lettere å vurdere om elektrisk fremdrift gir en realistisk, rolig og behagelig båtopplevelse.

Arbeidsbåter og små sjarker

Arbeidsbåter og små sjarker kan egne seg for elektrisk fremdrift, særlig når bruken er lokal, regelmessig og forutsigbar. Det kan for eksempel gjelde båter i havneområder, oppdrettsanlegg og skjermet kystfarvann, eller båter som brukes til korte arbeidsoppdrag og vender tilbake til samme kai eller base etterpå.

For slike båter er driftstid, lademuligheter og robusthet minst like viktig som rekkevidde. En arbeidsbåt må ofte fungere som et verktøy i hverdagen. Den skal både komme frem og utføre arbeid over tid. Derfor må man vurdere hvor lenge motoren skal være i bruk, hvor mye effekt arbeidet krever, og om båten kan lades mellom oppdragene.

Elektrisk drift kan gi flere fordeler i denne typen bruk. Motoren støyer lite, gir lite vibrasjoner og kan være behagelig å arbeide i nærheten av gjennom en lang dag. Den krever også mindre løpende vedlikehold enn en tradisjonell forbrenningsmotor. For båter som brukes ofte, men innenfor et avgrenset område, kan dette gi en enkel og driftssikker løsning.

Samtidig krever arbeidsbruk mer planlegging enn fritidsbruk. Dersom båten må arbeide hele dagen uten ladestopp, bør energibudsjettet beregnes konservativt. Det betyr at man bør legge inn større sikkerhetsmarginer enn for en fritidsbåt. Batteriet må dekke en normal dag og samtidig gi reserve for dager med mer last, sterkere strøm, dårligere vær eller uventet ventetid.

Også arbeidsbåter må vurderes konkret. Propell, vekt, skrogform, last og faktisk arbeidsoppgave avgjør hvor høyt energibehovet blir.

Beregninger av effektbehov, batterikapasitet og driftstid er viktige, men praktisk bruk kan endre forbruket mye. Vind, strøm, bølger, last, redskap, begroing og valgt fart må derfor tas med i vurderingen.

Når disse forutsetningene er tydelige, kan lading, energibruk og reserve planlegges slik at løsningen gir trygg og stabil drift.

Skroghastighet, motstand og effektforbruk

Dette kapitlet bør leses ekstra nøye, fordi det forklarer en av de viktigste sammenhengene ved elektrifisering av saktegående båter: forholdet mellom skrogform, fart, motstand og effektforbruk.

For mange båteiere er det lett å tenke at litt høyere fart bare krever litt mer energi. I praksis er det ofte annerledes. Når en deplasementsbåt nærmer seg sitt naturlige fartsområde, øker motstanden i vannet kraftig. Da kan en liten fartsøkning gi et stort hopp i effektforbruk.

Denne sammenhengen er avgjørende for å forstå hvorfor mange saktegående båter passer godt til elektrisk drift. Båter som går rolig og effektivt gjennom vannet, kan ofte få god rekkevidde med moderat batterikapasitet. Men dersom den samme båten presses for hardt, kan energiforbruket øke raskt, og rekkevidden blir langt kortere enn forventet.

Derfor handler elektrifisering både om å velge riktig motor og stort nok batteri, og om å forstå hvilken fart båten trives med. Når den brukes i et fartsområde der skroget arbeider lett, blir elektrisk drift mer forutsigbar, behagelig og energieffektiv.

I dette kapitlet ser vi nærmere på skroghastighet, motstand og effektforbruk. Målet er å gi deg et praktisk grunnlag for å forstå hvorfor realistisk marsjfart er så viktig, og hvorfor den mest fornuftige farten ofte er lavere enn den høyeste båten klarer.

Husk: Skroghastighet er en tommelfingerregel. Den viser hvor motstanden ofte begynner å øke kraftig, men faktisk forbruk må alltid vurderes mot skrog, last, propell og forhold på sjøen.

Tommelfingerregel: skroghastighet
Skroghastighet i knop ≈ 2,43 × √(vannlinjelengde i meter)
Formelen er en praktisk tilnærming for deplasementsbåter. Den viser omtrent hvor motstanden begynner å øke kraftig.

Vannlinjelengde	Omtrentlig skroghastighet	God økonomifart, eksempel
5 m	5,4 knop	3,8–4,6 knop
6 m	6,0 knop	4,2–5,1 knop
7 m	6,4 knop	4,5–5,4 knop
8 m	6,9 knop	4,8–5,9 knop
9 m	7,3 knop	5,1–6,2 knop
10 m	7,7 knop	5,4–6,5 knop

Figuren under viser hvordan effektforbruket øker når farten øker i en saktegående deplasementsbåt. Ved lav fart er forbruket beskjedent, men når båten nærmer seg sitt tyngre fartsområde, stiger behovet for effekt raskt. Poenget er ikke de nøyaktige tallene alene, men forholdet mellom dem: En liten økning i fart kan gi en langt større økning i energiforbruk.

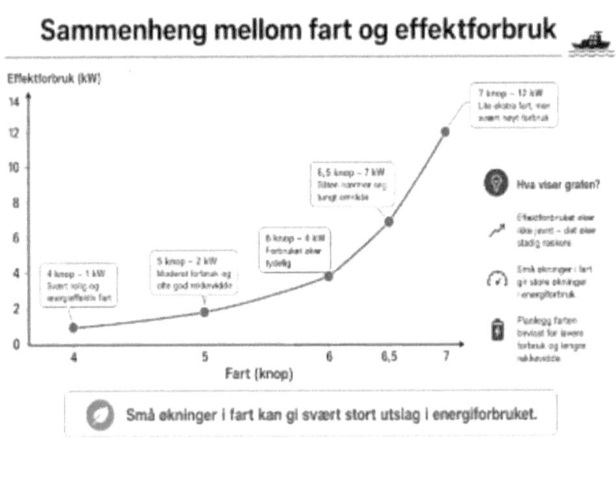

Hvorfor dette er viktig

Skroghastighet er et viktig begrep for å forstå hvordan saktegående båter oppfører seg i vannet. Det gjelder særlig deplasementsbåter, altså båter som i hovedsak skyver vannet til side i stedet for å løfte seg opp og plane på vannflaten.

Når en deplasementsbåt beveger seg fremover, lager den bølger. Ved lav fart er bølgene små, og båten kan gli relativt lett gjennom vannet. Etter hvert som farten øker, blir bølgene større, og skroget må bruke mer kraft på å arbeide seg gjennom sitt eget bølgesystem.

Når båten nærmer seg skroghastigheten, øker motstanden kraftig. Motoren må da levere betydelig mer effekt for å gi bare litt høyere fart. For en elektrisk båt er dette spesielt viktig, fordi økt effektbehov raskt gir høyere energiforbruk fra batteriet.

I praksis betyr dette at en liten økning i marsjfart kan gi merkbart kortere rekkevidde. Omvendt kan en liten reduksjon gi stor gevinst. En båt som bruker mye energi nær skroghastigheten, kan ofte få betydelig lengre rekkevidde dersom marsjfarten senkes litt.

Skroghastighet er likevel ikke en fast grense. Det er en praktisk tommelfingerregel som sier noe om fartsområdet der det begynner å koste mye energi å øke hastigheten videre. Hvor tydelig dette merkes, avhenger blant annet av skrogform, vannlinjelengde, vekt og last.

Derfor bør ønsket fart, batteristørrelse og bruksmønster vurderes samlet før man bestemmer løsning. Beregninger er et godt startpunkt, fordi de gjør det lettere å sammenligne alternativer og stille bedre spørsmål. Tallene må likevel alltid vurderes opp mot hvordan båten faktisk skal brukes.

Når forutsetningene er tydelige, blir det enklere å se om ønsket fart er realistisk, om rekkevidden blir god nok, og om batteri, lader, motor eller bruksmønster bør justeres. Målet er ikke bare å gjøre båten elektrisk, men å få et system som passer til båten og bruken den faktisk skal ha.

Formelen for skroghastighet

Vannlinjelengden er lengden av skroget i vannflaten, målt fra forut til akterut der båten faktisk ligger i vannet. Den er ikke nødvendigvis den samme som båtens totale lengde, fordi overheng i baug eller hekk kan gjøre båten lengre enn den effektive lengden i vannlinjen.

En vanlig tilnærming er at skroghastigheten i knop tilsvarer omtrent 2,43 ganger kvadratroten av vannlinjelengden i meter.

Formelen kan skrives slik:

Skroghastighet i knop ≈ 2,43 × √vannlinjelengde i meter

Vannlinjelengden er lengden av den delen av skroget som ligger i vannet. Den er ofte litt kortere enn båtens totale lengde. Derfor bør man bruke vannlinjelengden fremfor bare oppgitt båtlengde når man gjør en enkel beregning.

Formelen gir en praktisk tilnærming, ikke en eksakt grense. Båten stopper ikke plutselig ved denne farten, og det kan være mulig å gå fortere. Formelen sier først og fremst noe om fartsområdet der båten begynner å bli tung å presse videre gjennom vannet.

Dette er viktig fordi energibehovet øker raskt når båten nærmer seg skroghastigheten. Litt høyere fart kan da kreve mye mer effekt fra motoren. For en elektrisk båt betyr det at batteriet tømmes raskere, og at rekkevidden kan bli betydelig kortere enn forventet.

Et enkelt eksempel viser poenget. Dersom en båt har en vannlinjelengde på 6 meter, blir skroghastigheten omtrent: 2,43 × √6 ≈ 5,95 knop

Det betyr at båten trolig vil trives best under eller rundt dette nivået. Prøver man å presse den mye høyere, kan energiforbruket øke kraftig uten at man får særlig mye ekstra fart igjen for energien.

Derfor bør beregningen forstås som et startpunkt, ikke som en garanti. Den gir et nyttig grunnlag for å stille bedre spørsmål og vurdere om ønsket marsjfart er realistisk. Men den må alltid kombineres med erfaring, praktisk testing og dialog med leverandør eller installatør.

Eksempel: Skroghastighet for en 18 fots snekke

La oss se på en typisk 18 fots snekke. Selv om båten er 18 fot totalt, er vannlinjelengden vanligvis noe kortere. For en slik båt kan den for eksempel ligge rundt 4,4–4,9 meter.

Når vi bruker formelen for skroghastighet, får vi:

Skroghastighet i knop ≈ 2,43 × √vannlinjelengde i meter

Med en vannlinjelengde på 4,4 meter blir skroghastigheten omtrent:

$2{,}43 \times \sqrt{4{,}4} \approx 5{,}1$ knop

Med en vannlinjelengde på 4,9 meter blir den omtrent:

$2{,}43 \times \sqrt{4{,}9} \approx 5{,}4$ knop

Det betyr at en 18 fots snekke i dette eksempelet typisk vil ha en skroghastighet på omtrent 5,1–5,4 knop. Dette er en praktisk grense, ikke en absolutt grense. Båten stopper ikke ved denne farten, og det kan være mulig å presse den litt raskere. Poenget er at effekten som trengs for å øke farten, ofte vokser mye mer enn nytten av fartsøkningen.

For båteieren har dette stor praktisk betydning. Dersom båten går behagelig og effektivt i 4,5–5 knop, kan det være lite å vinne på å presse den opp mot 6 knop. Den lille fartsøkningen kan føre til langt høyere effektforbruk og dermed kortere rekkevidde.

Derfor gir beregninger et nyttig startpunkt. De gir et grunnlag for å forstå sammenhengen mellom fart og energibruk, men må alltid vurderes sammen med praktisk bruk, erfaring og gjerne målinger fra båten.

Effektforbruk over skroghastighet

Når en deplasementsbåt presses opp mot og over sitt naturlige fartsområde, øker motstanden i vannet kraftig. Båten må da bruke stadig mer energi på å lage større bølger og arbeide seg opp på sin egen bølge. Resultatet er at effektforbruket kan stige mye raskere enn farten.

Dette er en viktig forskjell å forstå. Når farten økes litt ved lav hastighet, kan energibruken øke forholdsvis moderat. Men når båten nærmer seg skroghastigheten, endrer dette seg. Da kan en liten fartsøkning kreve langt mer effekt. Den siste knopen kan derfor bli den dyreste.

For en elektrisk båt får dette direkte betydning for rekkevidden. Batteriet inneholder en begrenset energimengde, og høyere effektforbruk gjør at energien brukes opp raskere. Det kan derfor være stor forskjell på å kjøre båten i en rolig og effektiv marsjfart og å presse den litt hardere for å spare noen få minutter.

Et praktisk eksempel kan illustrere poenget. Dersom en snekke går behagelig i 4,5 knop med lavt effektforbruk, kan det virke fristende å øke farten til 5,5 eller 6 knop. Båten går da litt raskere, men motoren kan måtte levere betydelig mer effekt. Gevinsten i tid kan være liten, mens tapet i rekkevidde kan bli stort.

Derfor er det ofte bedre å finne en marsjfart der båten går lett og rolig gjennom vannet. Den beste marsjfarten er gjerne hastigheten der forholdet mellom fart, komfort, energibruk og rekkevidde er best. For mange saktegående båter ligger denne et stykke under skroghastigheten.

Praktisk konsekvens for elektrifisering

Den praktiske konsekvensen for energiforbruket skroghastighet er at en elektrisk båt som regel bør dimensjoneres for realistisk og energieffektiv marsjfart. Den bør dimensjoneres for en fart den kan holde trygt, behagelig og med fornuftig energiforbruk over tid.

For mange saktegående båter vil en marsjfart på omtrent 70 til 85 prosent av skroghastigheten gi langt bedre rekkevidde enn å ligge helt opp mot grensen. Da arbeider skroget ofte lettere i vannet, motoren belastes mindre, og batteriet varer lenger. En liten reduksjon i fart kan derfor gi stor gevinst i driftstid og rekkevidde.

Dette er særlig viktig ved elektrisk fremdrift, fordi batteriet har begrenset energimengde. Dersom båten kjøres nær skroghastigheten over tid, kan effektforbruket øke kraftig. Da kan rekkevidden bli betydelig kortere enn forventet, selv om båten teknisk sett klarer farten.

I praksis handler dette om å finne farten båten trives med. Det er gjerne en hastighet der den går rolig, lager mindre bølger og krever lite effekt fra motoren. Denne farten kan være lavere enn føreren først ønsker, men den kan gi en langt bedre båtopplevelse fordi rekkevidden blir mer forutsigbar.

EFFEKT, ENERGI OG REKKEVIDDE

I dette kapitlet kobles de viktigste grunnbegrepene til noe som er svært praktisk for båteieren: rekkevidde. Når vi forstår forskjellen mellom effekt og energi, blir det lettere å se hvor lenge båten kan gå, hvor langt den kan komme, og hvorfor farten betyr så mye for batteriforbruket.

Målet er at leseren skal kunne gjøre en enkel energiberegning for egen båt. En enkel beregning er tilstrekkelig, så lenge forutsetningene er tydelige. Det viktigste er å forstå sammenhengen mellom motorens effektforbruk, batteriets tilgjengelige energi og tiden båten skal være i drift.

For elektriske båter er dette særlig nyttig. Batteriet er som en energitank, men i stedet for liter diesel eller bensin måler vi energien i kilowattimer. Motoren henter energi fra denne tanken, og hvor raskt den brukes, avhenger blant annet av fart, last, vind, strøm, bølger og skrogets egenskaper.

Kapitlet gir derfor et praktisk grunnlag for å vurdere rekkevidde mer realistisk. I stedet for bare å spørre «hvor langt går båten?», lærer vi å stille bedre spørsmål: Hvor mye energi har vi tilgjengelig? Hvor mye effekt bruker båten ved ønsket marsjfart? Hvor lenge skal vi kunne gå for motor? Og hvor stor reserve bør vi ha igjen?

Når disse spørsmålene er besvart, blir rekkevidden et resultat av tydelige forutsetninger, enkle beregninger og realistisk bruk.

Praktisk poeng: Regn alltid med brukbar batterikapasitet og reserve. Et enkelt regnestykke blir først nyttig når fart, driftstid og realistisk effektforbruk er tydelig definert.

Grunnformel for energibehov
Energi (kWh) = effekt (kW) × tid (timer)
Eksempel: 3 kW i 4 timer gir 12 kWh før reserve og tap.

Grunnformel for distanse
Distanse (nautiske mil) = fart (knop) × tid (timer)
Eksempel: 5 knop i 4 timer gir 20 nautiske mil.

Effekt er øyeblikksforbruk
Effekt forteller hvor raskt motoren bruker energi akkurat nå. Effekt måles i watt eller kilowatt. Én kilowatt er det samme som 1000 watt. En visning på 2 kW betyr derfor at motoren i øyeblikket bruker energi med en hastighet på 2000 watt.

Dette kan sammenlignes med hvor hardt motoren arbeider. Ved lav fart og rolige forhold kan effektforbruket være lavt. Når farten økes, båten lastes tyngre, eller den går mot vind, strøm eller bølger, må motoren jobbe mer. Da stiger effekten.

For båteieren er dette nyttig informasjon. Dersom displayet viser 1 kW, bruker båten lite energi i øyeblikket. Viser det 5 kW, tappes batteriet mye raskere. Effektvisningen gir derfor en direkte indikasjon på hvor skånsomt eller krevende båten kjøres.

Det er viktig å skille mellom effekt og energi. Effekt sier hvor raskt energi brukes akkurat nå. Energi sier hvor mye som er brukt eller lagret over tid. En motor som bruker 2 kW i én time, har brukt 2 kWh energi. Dersom den samme motoren bruker 2 kW i to timer, har den brukt 4 kWh.

Denne forskjellen er avgjørende når man skal beregne rekkevidde. Batteriet inneholder en bestemt mengde energi, mens motoren bruker energi med ulik hastighet avhengig av hvordan båten kjøres. Jo høyere effektforbruket er, desto kortere blir driftstiden og rekkevidden.

Energi er lageret du har med deg
Energi forteller hvor mye elektrisk energi båte går energien raskere ut av batterietn har tilgjengelig over tid. I en elektrisk båt er batteriet energilageret. Det kan sammenlignes med drivstofftanken i en båt

med forbrenningsmotor, men i stedet for liter diesel eller bensin bruker vi vanligvis måleenheten kilowattimer, forkortet kWh.

Et batteri på 20 kWh inneholder i teorien nok energi til å levere 2 kW i 10 timer. Det kan også levere 10 kW i 2 timer. Regnestykket er enkelt: Jo høyere effekt motoren bruker, desto raskere tømmes energilageret.

Dette viser den viktige sammenhengen mellom effekt og energi. Effekt er øyeblikksforbruket, altså hvor rask energi brukes akkurat nå. Energi er mengden som er lagret, eller som brukes over tid. Dersom motoren bruker 2 kW i én time, har den brukt 2 kWh. Bruker den 2 kW i fem timer, har den brukt 10 kWh.

I praksis bør man planlegge med brukbar batterikapasitet, ikke hele den teoretiske kapasiteten. Man bør trekke fra sikkerhetsmarginer, virkningsgradstap og nødvendig reserve. Noe energi går tapt i systemet, og en tur bør planlegges slik at det er energi igjen ved ankomst.

Reserve er særlig viktig i båt. Forholdene på sjøen kan endre seg raskt. Motvind, strøm, bølger, tung last eller uventet ventetid kan øke energibruken. Derfor bør batteriet dekke den planlagte turen under gode forhold og samtidig gi trygghet dersom turen blir mer krevende enn forventet.

Rekkevidde handler om fart og tid

Rekkevidde handler i stor grad om sammenhengen mellom fart, tid og energibruk. I båt måler vi ofte fart i knop. Én knop betyr én nautisk mil per time. Går båten i 5 knop i 4 timer, tilbakelegger den derfor omtrent 20 nautiske mil.

Dette virker enkelt, men ved elektrisk fremdrift må vi også ta med effektforbruket. Batteriet inneholder en bestemt mengde energi, og motoren bruker den med ulik hastighet avhengig av hvor hardt den arbeider. Når effektforbruket øker, går energien raskere ut av batteriet.

Et enkelt eksempel viser sammenhengen. Dersom båten bruker 2 kW ved 5 knop, og batteriet har 8 kWh tilgjengelig energi, kan den i teorien gå i omtrent 4 timer. Ved 5 knop gir dette en rekkevidde på rundt 20 nautiske mil.

Økes farten slik at effektforbruket dobles til 4 kW, blir driftstiden omtrent halvert med samme batteri. Da kan båten bare gå i rundt 2 timer. Selv om farten er høyere, kan rekkevidden bli kortere fordi energien brukes mye raskere.

Dette er en av de viktigste praktiske lærdommene ved elektrisk fremdrift: Høyere fart gir kortere reisetid, men samtidig høyere energiforbruk. En liten fartsøkning kan derfor gi stor reduksjon i driftstid og rekkevidde, særlig når båten nærmer seg skroghastigheten.

Hvorfor gjennomsnittlig effektforbruk er viktig

Når man vurderer rekkevidden til en elektrisk båt, er det lett å se seg blind på maksimal motoreffekt. En motor kan for eksempel være oppgitt til 10 kW, men båten bruker vanligvis langt mindre i normal marsjfart. Maksimal effekt forteller først og fremst hva motoren kan levere når den belastes hardt. Den sier lite om hvor mye energi båten vanligvis bruker i normal marsjfart.

Det avgjørende for rekkevidden er derfor det gjennomsnittlige effektforbruket ved farten båten faktisk brukes i. En båt med en motor på 10 kW bruker kanskje bare 2 til 4 kW når den går rolig og effektivt i vanlig marsjfart. Da blir rekkevidden langt bedre enn om man beregner ut fra motorens maksimale effekt.

Dette er en viktig forskjell. Motorstørrelsen sier noe om kapasitet, mens gjennomsnittlig effektforbruk sier noe om faktisk energibruk. Det kan sammenlignes med en bil som har en kraftig motor. Selv om motoren kan levere høy effekt, bruker ikke bilen maksimal effekt hele tiden ved vanlig kjøring.

For båteieren betyr dette at målt eller beregnet forbruk ved normal bruk er viktigere enn motorens maksimale ytelse. Still derfor spørsmålet: «Hvor mye effekt bruker båten ved marsjfarten jeg faktisk skal bruke?» Det gir et bedre grunnlag enn bare å vite hvor stor motoren er.

Sikkerhetsmargin

Når man planlegger rekkevidden for en elektrisk båt, bør man alltid legge inn reserve. Batteriet skal dekke den ideelle turen under gode forhold og samtidig ha nok energi igjen dersom forholdene endrer seg underveis.

På sjøen kan energibehovet øke av mange grunner. Motvind, strøm, bølger, tyngre last enn planlagt, lav temperatur, feilberegning eller en uventet omvei kan gjøre at båten bruker mer energi enn først antatt. I slike situasjoner gir energireserven trygghet.

For fritidsbruk kan det derfor være fornuftig å planlegge med en betydelig reserve. Det betyr at man bare regner en del av batteriets kapasitet som tilgjengelig for selve turen. Resten holdes av som sikkerhetsmargin. På den måten unngår man å være avhengig av at alt går nøyaktig som planlagt.

En god sikkerhetsmargin gir beredskap for forhold som kan endre seg. En tur som starter i stille vær og rolig sjø, kan få andre forutsetninger på returen. Da kan det være avgjørende å ha ekstra energi tilgjengelig.

Dette er særlig viktig ved elektrisk drift, fordi lading kan være begrenset underveis. Mens en båt med forbrenningsmotor ofte kan fylle drivstoff flere steder, kan en elektrisk båt være mer avhengig av planlagt lading ved kai eller hjemmehavn. Derfor bør lademuligheter og reserve vurderes samlet.

Enkel beregningsmåte

En enkel energiberegning starter med ønsket marsjfart og antatt effektforbruk. Først må man bestemme hvilken fart båten vanligvis skal holde, og hvor mye effekt motoren ventes å bruke ved denne farten. Deretter multipliserer man effektforbruket i kilowatt med ønsket driftstid i timer.

Formelen kan skrives slik: Energi i kWh = effekt i kW × tid i timer

Dersom båten for eksempel bruker 1 kW ved ønsket marsjfart, og man vil kunne gå i 4 timer, blir energibehovet:

1 kW × 4 timer = 4 kWh

Det betyr at båten i teorien trenger 4 kWh tilgjengelig energi for å holde denne farten i fire timer. Men dette er bare selve grunnberegningen. I praksis må man også legge til reserve.

Reserve er viktig fordi båten sjelden brukes under helt ideelle forhold. Vind, strøm, bølger, last, lav temperatur, begroing på skroget og uventede omveier kan øke energibehovet. Derfor bør løsningen planlegges med energi igjen etter en normal tur.

Når reserven legges til, får man et første anslag på nødvendig brukbar batterikapasitet. Med brukbar batterikapasitet mener vi den delen av batteriet man faktisk planlegger å bruke, uten å gå for langt ned mot tomt batteri.

Et eksempel kan gjøre dette tydeligere. Dersom grunnbehovet er 4 kWh, og man ønsker 25 prosent reserve, må batteriet ha mer enn 4 kWh tilgjengelig energi. Da bør man planlegge for omtrent:

4 kWh × 1,25 = 5 kWh som er brukbar batterikapasitet.

Selve batteriet må ofte være større enn 5 kWh. Det kommer an på hvor stor del av kapasiteten som kan eller bør brukes i praksis. Noen batterisystemer bør ikke tappes helt ned, og installatør eller leverandør bør forklare hvor mye av oppgitt kapasitet som er praktisk tilgjengelig.

MOTOR, PROPELL OG FREMDRIFT

Motorvalget må alltid ses i sammenheng med propellen, skroget og hvordan båten skal brukes. En elektrisk fremdriftsløsning er et system der flere deler må arbeide godt sammen.

Det er lett å tro at en større motor automatisk gir en bedre båt. En større motor gir først god nytte når motor, propell og skrog passer sammen. Hvis ikke kan resultatet bli høyere effektforbruk, kortere rekkevidde og dårligere utnyttelse av batteriet. En riktig tilpasset løsning kan derimot gi rolig gange, god kontroll, lavere energibruk og en mer behagelig båtopplevelse.

I dette kapitlet ser vi på hvordan motor, propell og skrog virker sammen. Målet er å vise hvorfor motoren bør vurderes som en del av hele fremdriftssystemet. Først når disse delene ses i sammenheng, blir det mulig å velge en løsning som passer til båtens fart, bruksmønster og energibehov.

For båteieren betyr dette at spørsmålet bør være: «Hvilken kombinasjon av motor, propell og fremdrift gir ønsket marsjfart med lavt effektforbruk og god kontroll?» Når dette spørsmålet ligger til grunn, øker sjansen for en trygg, effektiv og velfungerende elektrisk løsning.

Praktisk poeng: Motor, propell, motorstyring og skrog må vurderes som ett system. En større motor gir god nytte først når den passer til båten, propellen og bruksmønsteret.

DC-motorer, AC-motorer og elektrisk fremdrift

Når vi snakker om elektrisk fremdrift, møter vi ofte begrepene DC-motor og AC-motor. En DC-motor drives av likestrøm, mens en AC-motor drives av vekselstrøm. I enkle elektriske systemer, for eksempel små motorer, eldre installasjoner eller enklere fremdriftsløsninger, kan DC-motorer være vanlige fordi de er relativt lette å forstå og regulere. Turtallet styres ikke ved at motoren kobles direkte til en fast spenning, men via en motorstyring som regulerer energien til motoren. Avhengig av motortype kan dette innebære regulering av spenning, strøm og frekvens. Rotasjonsretningen kan vendes ved å bytte polaritet, altså snu pluss og minus.

AC-motorer brukes ofte i mer moderne og effektive fremdriftssystemer, særlig der man ønsker god virkningsgrad, presis regulering og robust drift. En trefaset AC-motor reguleres vanligvis med en motorstyring med inverter. Den styrer frekvens, spenning og strøm til motoren. Når frekvensen økes, øker turtallet. Når frekvensen senkes, reduseres turtallet. Rotasjonsretningen kan vendes ved at motorstyringen endrer faserekkefølgen. Dette skjer elektronisk og kontrollert, uten at brukeren trenger å koble om ledninger manuelt.

En moderne elbil er et godt eksempel på hvordan dette kan bygges opp. Batteriet i bilen lagrer energi som likestrøm, altså DC. Motoren som driver bilen, er ofte en trefaset AC-motor. Mellom batteriet og motoren sitter en motorstyring med inverter. Den omformer likestrømmen fra batteriet til styrt trefaset vekselstrøm, slik at turtall, dreiemoment og rotasjonsretning kan reguleres.

Prinsippet brukes også i mange elektriske båtløsninger i dag. Batteriet lagrer energi og leverer likestrøm, motorstyringen omformer og regulerer strømmen, og motoren omdanner den elektriske energien til mekanisk kraft som driver propellen. For båteieren betyr dette at batteri, motorstyring og motor må forstås som deler av ett fremdriftssystem. Samspillet mellom dem avgjør hvor presist motoren kan reguleres, hvor effektivt energien brukes, og hvor godt båten fungerer i praktisk drift.

Motoren er bare én del av systemet

Når en båt skal elektrifiseres, er det lett å starte med spørsmålet: «Hvor stor motor trenger jeg?» Det er forståelig, men en bedre start er å spørre: «Hvilken fremdriftsløsning gir ønsket marsjfart med lavt forbruk, god kontroll og trygg drift?»

Motoren er én del av systemet. For at båten skal fungere godt, må motor, propell, giring, aksling og skrog ses i sammenheng. En kraftig motor gir liten nytte dersom propellen ikke passer, eller skroget krever mye energi for å holde ønsket fart. På samme måte kan en godt tilpasset propell og riktig marsjfart gi lavere effektforbruk og bedre rekkevidde, selv med en mer moderat motor.

Propellen har stor betydning fordi den overfører motorens kraft til vannet. Dersom den er feil dimensjonert, kan motoren arbeide ineffektivt. Da kan båten bruke mer energi enn nødvendig, samtidig som man får dårligere skyv, mer støy eller svakere kontroll ved lav fart. En propell som passer til motor, turtall, skrog og bruksmønster, er derfor viktig for en god elektrisk løsning.

Også giring og aksling må vurderes. Motorens turtall må passe med propellens behov. Feil turtallstilpasning kan gi lavere virkningsgrad enn forventet. For båteieren merkes det som kortere rekkevidde, høyere effektforbruk eller en båt som oppfører seg annerledes enn forventet.

Skroget setter samtidig rammene for hva som er realistisk. En saktegående deplasementsbåt vil vanligvis trives best i et moderat fartsområde. Dersom den presses opp mot eller over sitt naturlige fartsområde, kan effektforbruket øke kraftig. Da gir en større motor ofte begrenset nytte. Ofte er det bedre å finne en marsjfart der skroget arbeider lett, og dimensjonere motor og propell etter dette.

Dreiemoment ved lav fart

En av fordelene med elektriske motorer er at de kan gi godt dreiemoment allerede fra lave turtall. Dreiemoment kan enkelt forklares som motorens evne til å skape vridende kraft. I en båt handler dette om hvor godt motoren klarer å sette propellen i arbeid og skyve båten fremover, også når farten er lav.

Dette merkes særlig ved manøvrering. Når båten skal legge til kai, bakke ut fra en båtplass eller bevege seg kontrollert i trange områder, er det en fordel at motoren reagerer raskt og presist. En elektrisk motor kan ofte gi jevn og tydelig respons uten at turtallet først må bygges opp på samme måte som i mange forbrenningsmotorer.

For båteieren kan dette gjøre båten mer behagelig å bruke. Man kan få god kontroll ved lav fart, mindre støy og mindre vibrasjon. Særlig i havn, ved brygger og i smale sund kan dette gi en tryggere og roligere opplevelse.

Det gode dreiemomentet ved lave turtall kan også gjøre at en elektrisk løsning oppleves sterkere enn tallene alene tilsier. En elmotor med lavere oppgitt maksimal effekt kan i noen situasjoner føles kraftfull fordi den leverer kraften på en direkte og kontrollerbar måte. Dette betyr likevel ikke at man kan se bort fra riktig dimensjonering. Motoren må fortsatt passe til båtens vekt, skrogform, propell og bruksmønster.

Propellen spiller en særlig viktig rolle. Det hjelper lite at motoren har godt dreiemoment dersom propellen ikke klarer å omsette kraften effektivt til skyv i vannet. Riktig propell gjør at motorens egenskaper utnyttes bedre, både ved lav fart og ved ønsket marsjfart.

Innenbordsmotor

Innenbordsmotor kan være en god løsning når båten allerede har aksling og propell. Dette gjelder særlig snekker, seilbåter og andre tradisjonelle båter der fremdriften opprinnelig er bygget rundt en fast motorinstallasjon inne i båten.

En viktig fordel er at man kan bevare mye av båtens opprinnelige oppbygning. Aksling, propellplassering og ror er ofte allerede tilpasset skroget. Dersom disse delene er i god stand og passer til den nye løsningen, kan elektrifiseringen gjennomføres uten at hele fremdriftssystemet må bygges om.

Dette kan gi en ryddig og godt integrert løsning. Motoren står beskyttet inne i båten, vekten kan plasseres lavt og sentralt, og båten beholder mye av sin opprinnelige manøvrering og karakter. For mange eiere av eldre eller klassiske båter kan dette være viktig.

Samtidig krever en elektrisk innenbordsinstallasjon grundig vurdering. Motorfester, kobling, aksling, pakkboks, lager og propell må passe sammen. Det er ikke nok at motoren har riktig effekt. Den må også overføre kraften til propellen på en effektiv og trygg måte.

Propellen er særlig viktig. En modell som fungerte greit med dieselmotor, kan være mindre egnet for elektrisk drift. Elmotoren kan ha andre turtallsegenskaper og levere kraft på en annen måte. Derfor bør propellvalg og eventuell giring vurderes sammen med motoren.

Ulempen med innenbordsmotor er at tilpasningen kan bli mer krevende enn den først ser ut. Motorfester må kanskje bygges om, akslingen må rettes nøyaktig inn, og koblingen mellom motor og aksling må være riktig. Små feil i oppretting eller montering kan gi vibrasjon, slitasje eller dårlig virkningsgrad.

Derfor bør slike installasjoner ofte utføres eller kontrolleres av fagpersoner med erfaring fra båt og elektrisk fremdrift. Dette gjelder særlig når batterisystem, kabler, sikringer, lader og motorstyring skal integreres på en trygg måte.

Pod-motor

En pod-motor er en elektrisk motor som monteres under båten, ofte direkte ved propellen. Det kan gi en kompakt og ryddig installasjon, fordi motoren ikke trenger like mye plass inne i båten som en tradisjonell innenbordsmotor. For enkelte båttyper kan dette være en praktisk og effektiv løsning.

https://www.watski.no/

En viktig fordel er at motor og propell ofte er utviklet for å fungere sammen. Det kan gi god virkningsgrad og rolig fremdrift, særlig ved moderat fart. Siden motoren er plassert nær propellen, kan kraftoverføringen bli enkel, uten lang aksling, kobling og giring inne i båten.

Pod-motor kan også frigjøre plass om bord. Det kan være nyttig i mindre båter, der motorrommet er trangt, eller der man ønsker en enklere og mer oversiktlig installasjon. I noen tilfeller kan løsningen også gi lavt støynivå og god kontroll ved manøvrering.

Samtidig krever pod-motor nøye planlegging. Den monteres vanligvis gjennom eller på skroget, og det betyr at installasjonen kan kreve inngrep i båtens konstruksjon. Tetting, gjennomføringer og feste må utføres svært nøyaktig. En dårlig installasjon kan gi lekkasje, vibrasjoner eller skader på skroget.

Plasseringen under båten må også vurderes grundig. Motoren bør stå slik at propellen får god vanntilførsel, og slik at den ikke utsettes unødvendig for slag, bunnkjenning eller skader fra tauverk og gjenstander i vannet. På seilbåter må man i tillegg vurdere hvordan pod-en påvirker motstanden under seiling.

Service og tilgjengelighet er et annet viktig punkt. Selv om en pod-motor kan være enkel i daglig bruk, må den kunne kontrolleres, vedlikeholdes og eventuelt repareres. Man bør derfor vurdere hvordan motoren kan inspiseres, hvordan tetting og gjennomføringer skal kontrolleres, og hvordan service skal utføres over tid.

I praksis bør en pod-motor normalt planlegges sammen med leverandør, installatør eller båtbygger. Valget handler om riktig motoreffekt og om skrog, plassering, tetting, propell, kabelføring, batterisystem, sikringer, lader og servicebehov.

Som med alle elektriske fremdriftsløsninger må pod-motor vurderes opp mot båtens egenart. To båter med samme lengde kan ha ulik vekt, skrogform, bruksområde og energiforbruk. Den ene kan egne seg godt for pod-motor, mens den andre kan få utfordringer med plassering, motstand eller teknisk tilpasning.

For båteieren betyr dette at tallene og installasjonsvalgene bør brukes aktivt i samtale med leverandør, installatør eller båtbygger. Be alltid om en forklaring på hvorfor motor, propell, batteri, kabler, sikringer og lader er valgt som de er. Da blir det lettere å vurdere om pod-motoren passer til båten teknisk, praktisk og sikkerhetsmessig.

Elektriske påhengsmotorer

Elektriske påhengsmotorer kan være et enkelt og praktisk alternativ, særlig på mindre båter, joller, seilbåter og fritidsbåter som allerede har motorbrønn eller akterspeil beregnet for påhengsmotor. I stedet for å bygge om aksling, motorfester og innvendig motorrom kan motoren ofte monteres omtrent som en tradisjonell bensindrevet påhengsmotor.

En viktig fordel er fleksibiliteten. Motoren er lett tilgjengelig for service, kan i noen tilfeller tas av båten, og gjør hele fremdriftssystemet mer oversiktlig. For båteiere som ønsker en enkel overgang til elektrisk drift, kan dette senke terskelen. Løsningen kan også passe godt når båten brukes til korte turer, havnemanøvrering, fiske eller rolig ferdsel i skjermet farvann.

Samtidig må en elektrisk påhengsmotor vurderes like grundig som andre fremdriftsløsninger. Akterspeilet må tåle belastningen, propellen må passe til båtens fart og vekt, og batteriet må plasseres trygt slik at vektfordeling, kabelføring og fuktbeskyttelse blir ivaretatt. På små båter kan selv moderate batterier påvirke trim og stabilitet.

For mange saktegående båter er elektrisk påhengsmotor derfor en aktuell løsning når målet er enkel bruk, lavt støynivå og begrenset vedlikehold. Den passer best når ønsket fart, turvarighet og lademuligheter er realistiske. Som ellers bør valget starte med bruksmønsteret: Hvor fort skal båten gå, hvor lenge skal motoren brukes, og hvor stor reserve må batteriet ha?

Propellvalg

Propellen har stor betydning for hvor godt motorkraften overføres til vannet. Den fungerer som båtens «grep» i vannet. Selv om motoren leverer riktig effekt, avgjør propellen hvor effektivt kraften blir gjort om til skyv fremover.

Ved elektrifisering bør den gamle propellen vurderes på nytt. En propell som fungerte godt med en dieselmotor, kan passe dårligere med en elmotor. Årsaken er at dieselmotorer og elmotorer ofte har ulike turtallsegenskaper, ulik kraftlevering og ulikt arbeidsområde.

En elmotor kan gi godt dreiemoment fra lave turtall, og den kan ofte arbeide effektivt på en annen måte enn en forbrenningsmotor. Propellen må derfor passe til motorens turtall, båtens skrog og farten båten faktisk skal brukes i. Hvis propellen ikke er tilpasset, kan systemet få lavere virkningsgrad enn forventet.

Feil propell kan gi flere praktiske problemer. Båten kan bruke mer energi enn nødvendig, få lavere fart, lage mer støy eller vibrere mer. Motoren kan også arbeide i et ugunstig område, slik at både rekkevidde og komfort blir dårligere. I verste fall kan feil propell gi unødvendig belastning på motor, aksling eller motorstyring.

Et godt propellvalg handler derfor om diameter, stigning og hele fremdriftssystemet. Propellen må vurderes sammen med motor, turtall, eventuell giring, aksling, skrogform, vekt og ønsket marsjfart. Målet er en propell som gir god kontroll, lavt effektforbruk og forutsigbar rekkevidde ved normal bruk.

For saktegående båter er dette spesielt viktig. Mange slike båter trives best i moderat fart, og en riktig tilpasset propell kan bidra til at motoren arbeider rolig og effektivt. Da kan båten få bedre rekkevidde, mindre støy og mer behagelig gange.

For båteieren betyr dette at propellvalget bør diskuteres grundig med leverandør eller installatør. Be alltid om en forklaring på hvorfor akkurat denne propellen er valgt, og hvordan den passer sammen med motor, batteri, kabler, sikringer og lader. Da blir det lettere å vurdere om hele fremdriftssystemet er tilpasset båten, og om motoren har nok effekt.

BATTERIER OG BATTERISTYRING

I praksis fungerer batteriet som båtens energilager. Det avgjør hvor mye energi båten har tilgjengelig, hvor lenge motoren kan gå, og hvor langt båten kommer før den må lades. Samtidig påvirker batteriet hvordan båten ligger i vannet, hvor mye plass som blir igjen om bord, og hvilke krav som stilles til lading, kabler, sikringer og overvåking.

Et batteri i en elektrisk båt må ha nok kapasitet og samtidig brukes og beskyttes riktig. Derfor er batteristyring en viktig del av systemet. Den overvåker blant annet spenning, strøm, temperatur og ladetilstand. Slik bidrar den til at batteriet brukes innenfor trygge grenser, og til at både lading og utlading skjer kontrollert.

Dette er særlig viktig fordi forholdene i en båt kan være krevende. Fukt, vibrasjoner, temperaturendringer, begrenset plass og varierende belastning stiller høye krav til installasjonen. Batteriet må derfor velges riktig, plasseres riktig og kobles riktig sammen med resten av det elektriske anlegget.

I dette kapitlet ser vi nærmere på batterier og batteristyring. Målet er å gi leseren en praktisk forståelse av hva batteriet betyr for rekkevidde, driftssikkerhet og sikker bruk. Når batteriet forstås som en aktiv og viktig del av systemet, blir det lettere å stille gode spørsmål til leverandør eller installatør.

Husk: Nominell kapasitet og brukbar kapasitet kan være ulike størrelser. Batteristyring, sikkerhetsmargin, temperatur og levetid påvirker hvor mye energi som faktisk bør planlegges brukt.

Batteriet er båtens energitank

I en elektrisk båt fungerer batteriet som energitank. Her lagres energien før motoren bruker den. På samme måte som en diesel- eller bensintank avgjør hvor mye drivstoff båten har med seg, bestemmer batteriet hvor mye elektrisk energi som er tilgjengelig for fremdrift.

Batteriet er ofte en av de dyreste og mest plasskrevende hovedkomponentene i en elektrisk båt. Det påvirker derfor langt mer enn rekkevidden. Valg av batteri har betydning for vekt, kostnad, plassering, ladebehov, sikkerhet og hvordan båten oppfører seg i vannet.

Rekkevidden bestemmes av batteriets størrelse og av hvor mye energi båten bruker ved ønsket marsjfart. Et stort batteri gir liten nytte dersom båten hele tiden kjøres med høyt effektforbruk. På samme måte kan et mer moderat batteri fungere godt dersom båten er lettdrevet, brukes i rolig fart og har tilgang til lading mellom turene.

Vekten er også viktig. Batterier veier mye, og plasseringen om bord kan påvirke balanse, trim og stabilitet. Et batteri bør plasseres der vekten fordeles riktig, der det kan festes godt, og der det beskyttes mot fukt, slag og mekanisk skade.

Ladebehovet må vurderes samtidig. Jo større batteriet er, og jo mer energi som brukes, desto viktigere blir det med en praktisk ladeløsning. For en båt som brukes til korte dagsturer, kan vanlig lading ved hjemmehavn være nok. For en båt som brukes ofte eller over lengre tid, kan ladetid og tilgang til landstrøm avgjøre om løsningen fungerer i hverdagen.

Sikkerhet er et eget hovedpunkt. Batteriet må være egnet for maritim bruk, monteres forsvarlig og inngå i et system med riktig batteristyring, kabler, sikringer, brytere og lader. Det skal levere energi og samtidig fungere trygt under varierende forhold med fukt, vibrasjoner, temperaturendringer og bevegelse.

For båteieren betyr dette at batteriet bør diskuteres grundig med leverandør eller installatør. Be alltid om en forklaring på hvorfor akkurat dette batteriet er valgt, hvor mye av kapasiteten som er praktisk brukbar, og hvordan motor, kabler, sikringer og lader er dimensjonert rundt det. Da blir det lettere å forstå om batteriet passer til båten, bruken og sikkerhetskravene.

Brukbar kapasitet

Når vi snakker om batterikapasitet, er det viktig å skille mellom nominell og brukbar kapasitet. Den nominelle kapasiteten er ofte tallet som står i databladet eller produktbeskrivelsen. Et batteri kan for eksempel være oppgitt til 10 kWh. Likevel bør ikke hele energimengden alltid planlegges brukt på hver tur.

Brukbar kapasitet er den delen av batteriet som faktisk kan brukes i praksis, når vi tar hensyn til batteriets styringssystem, levetid og sikkerhetsmargin. I mange tilfeller vil den brukbare energien derfor være lavere enn tallet i databladet.

Dette er viktig fordi batterier bør brukes innenfor trygge grenser. Batteriets styringssystem, ofte kalt BMS, overvåker blant annet spenning, strøm, temperatur og ladetilstand. Systemet skal beskytte batteriet mot for dyp utlading, overbelastning, feil lading og skadelige temperaturer.

Levetid er også en viktig grunn til å planlegge bruken av den nominelle kapasiteten. Dersom et batteri stadig tømmes helt og lades helt opp igjen, kan det i noen tilfeller gi større belastning over tid. Ved å planlegge med mer moderat bruk av kapasiteten kan batteriet få bedre driftsforhold og ofte lengre levetid.

I tillegg kommer sikkerhetsmarginen. En båttur bør planlegges slik at det er energi igjen når man kommer frem. Vind, strøm, bølger, lav temperatur, tyngre last eller en uventet omvei kan øke energiforbruket. Derfor bør en del av kapasiteten holdes av som reserve.

For båteieren betyr dette at spørsmålet bør være: «Hvor mye av batteriet er praktisk brukbart til den planlagte turen?» Det gir et mer realistisk bilde av rekkevidden enn bare å spørre hvor stort batteriet er.

Et eksempel kan gjøre forskjellen tydelig. Dersom et batteri er oppgitt til 20 kWh, kan den planlagte brukbare kapasiteten være lavere når man tar hensyn til reserve og anbefalt driftsområde. Kanskje er det fornuftig å planlegge med 14–16 kWh til vanlig bruk, avhengig av batteritype, systemoppsett og sikkerhetsmargin. Det nøyaktige tallet må alltid avklares med leverandør eller installatør.

Litiumbaserte batterier

Mange moderne elektriske båter bruker litiumbaserte batterier. Slike batterier har ofte høy energitetthet, god virkningsgrad og lavere vekt enn mange eldre batterityper. Det betyr at de kan lagre mye energi i forhold til størrelse og vekt, noe som er en stor fordel i båt, der både plass og vekt har stor betydning.

Litiumbaserte batterier kan derfor gjøre elektrisk fremdrift mer praktisk. De kan gi god rekkevidde, tåle mange lade- og utladingssykluser og levere høy effekt når motoren trenger det. For båteieren kan dette bety en løsning som er effektiv, stillegående og enkel å bruke i hverdagen.

Samtidig må slike batterier behandles som en viktig sikkerhetskomponent, ikke bare som en energiboks. Et litiumbasert batteri må ha et egnet batteristyringssystem, ofte kalt BMS. Dette systemet overvåker blant annet spenning, strøm, temperatur og ladetilstand. Målet er å beskytte batteriet mot feil bruk og sørge for at det arbeider innenfor trygge grenser.

Riktig lading er også avgjørende. Laderen må passe til batteritypen og batteriets anbefalte ladeprofil. Feil lading kan redusere levetiden og i verste fall skape farlige situasjoner. Derfor bør lader, batteri og batteristyringssystem alltid vurderes som deler av samme system.

Temperatur er et annet viktig tema. Litiumbaserte batterier kan påvirkes av både kulde og varme. Lav temperatur kan redusere tilgjengelig kapasitet og gjøre lading mer krevende. Høy temperatur kan belaste batteriet og forkorte levetiden. Derfor må plassering, ventilasjon, temperaturkontroll og produsentens anbefalinger tas på alvor.

Batteriet må også beskyttes mot feil og ytre påvirkninger. I en båt kan det utsettes for fukt, vibrasjoner, slag, salt miljø og bevegelser. Det må derfor monteres solid, skjermes mot mekanisk skade og kobles med riktige kabler, sikringer, brytere og overvåking.

Utladningskurver for blybatteri og litiumbatteri

Figuren under viser en forenklet sammenligning av hvordan spenningen utvikler seg når et blybatteri og et litiumbatteri utlades. Dette kalles en utladningskurve. Kurven viser ikke nøyaktige måledata for alle batterier, men gir et nyttig bilde av de typiske forskjellene mellom batteritypene.

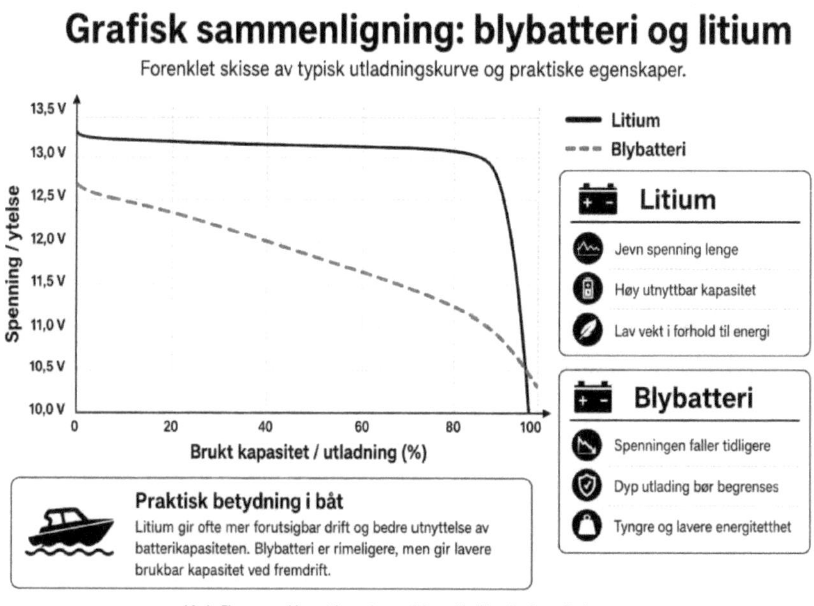

typisk utladningskurver. Et litiumbatteri holder vanligvis spenningen relativt stabil gjennom store deler av utladningen. Det betyr at motoren kan få jevn ytelse over lengre tid, og at mer av batterikapasiteten kan utnyttes i praksis. Først mot slutten faller spenningen raskt.

Et blybatteri oppfører seg annerledes. Her synker spenningen mer gradvis etter hvert som batteriet brukes. Når spenningen blir lavere, kan også ytelsen til motor og elektrisk utstyr svekkes. I tillegg bør blybatterier normalt ikke utlades for dypt, fordi det kan redusere levetiden betydelig.

For en elektrisk båt har dette praktisk betydning. En flatere utladningskurve gir mer forutsigbar drift og gjør det lettere å utnytte energien i batteriet. Derfor brukes litiumbaserte batterier ofte i moderne elektriske fremdriftssystemer, selv om de vanligvis er dyrere enn blybaserte batterier.

BMS – batteriets styringssystem

Battery Management System, ofte forkortet BMS, er batteriets styrings- og beskyttelsessystem. Det er en av de viktigste sikkerhetsfunksjonene i en elektrisk båt. BMS-en overvåker batteriet og sørger for at det brukes innenfor trygge grenser.

Et litiumbasert batteri består av flere celler. De må ha riktig spenning, temperatur og belastning. BMS-en følger derfor med på cellenes tilstand, batteriets totale spenning, strømmen inn og ut av batteriet og temperaturen i systemet. Slik kan det oppdage forhold som kan skade batteriet eller gjøre bruken utrygg.

Dersom noe blir feil, kan BMS-en gripe inn. Det kan for eksempel redusere belastningen, stoppe ladingen eller koble ut batteriet. Dette kan skje hvis spenningen blir for lav, temperaturen blir for høy eller lav, strømmen blir for stor, eller det oppstår andre forhold batteriet ikke er beregnet for.

Dette er viktig for sikkerheten, men betyr også at resten av systemet må være planlagt for slike situasjoner. Hvis BMS-en kobler ut batteriet, kan motor, lader eller annet elektrisk utstyr plutselig miste strømtilførselen. Systemet rundt batteriet må derfor tåle og håndtere slike utkoblinger på en trygg måte.

For båteieren er BMS-en en aktiv del av hele fremdriftssystemet. Motorstyring, lader, kabler, sikringer, hovedbrytere og overvåking må være tilpasset batteriets egenskaper og BMS-en funksjon.

Et godt BMS gir også bedre oversikt. Mange systemer kan vise ladetilstand, spenning, strøm, temperatur og varsler. Slik informasjon gjør det lettere å forstå hvordan batteriet brukes, og når man bør redusere belastningen, lade eller undersøke en mulig feil.

I praksis må BMS alltid vurderes sammen med båtens egenart og bruksmønster. En båt som brukes til korte, rolige turer, stiller andre krav enn en båt som brukes lenge, tungt eller i krevende forhold. Det samme gjelder hvis båten har flere batterimoduler, kraftig motor, stor lader eller annet utstyr som trekker mye strøm.

Plassering i båten

Plassering av batterier er en viktig del av planleggingen når en båt skal elektrifiseres. Batteriet er en energikilde og samtidig en tung, kostbar og sikkerhetskritisk hovedkomponent. Det må monteres trygt, beskyttes godt og plasseres slik at båten fortsatt oppfører seg riktig i vannet.

Først og fremst bør batterier stå godt beskyttet mot vann. En båt er et fuktig miljø, og batterisystemet må derfor skjermes mot lekkasjer, sjøsprøyt, kondens og vann som kan samle seg i bunnen av båten. Batteriet bør plasseres der risikoen for vanninntrenging er lav, og der lensing og drenering fungerer godt.

Batteriet må også beskyttes mot mekanisk skade. Det bør festes solid, slik at det ikke kan forskyve seg når båten beveger seg, krenger eller møter bølger. En løs batteripakke kan skade kabler, koblinger eller selve batteriet. I tillegg kan den påvirke stabiliteten dersom vekten flytter på seg.

Brannsikkerhet må inngå i vurderingen av plassering. Batteriet bør monteres slik at risikoen for overoppheting, kortslutning og mekanisk skade blir lavest mulig. Det bør også være mulig å komme til for inspeksjon, frakobling og kontroll dersom det oppstår varmeutvikling, røyk, lukt eller feilmeldinger fra batteristyringssystemet.

Batteriet bør plasseres med nødvendig avstand og beskyttelse mot brennbart materiale. Kabler, sikringer, hovedbryter og lader må være riktig dimensjonert og montert slik at varmegang og elektriske feil forebygges. En god installasjon handler både om hvor batteriet får plass, og om hvordan hele området rundt det er sikret.

Temperatur og ventilasjon må vurderes nøye. Batterier bør plasseres slik at de unngår høy varme, for eksempel tett inntil varmekilder eller i rom uten tilstrekkelig lufting. Samtidig må batteriet stå på et sted der temperaturforholdene oppfyller produsentens krav til drift, lading og lagring. God ventilasjon gjør det lettere å kontrollere temperaturen og oppdage eventuelle problemer.

Vekten er et annet hovedpunkt. Batterier kan være tunge, og plasseringen påvirker både trim og stabilitet. Står batteriet for langt frem, for langt bak eller for høyt i båten, kan det føre til dårligere gange, endret balanse eller redusert stabilitet. Det bør derfor plasseres slik at vekten harmonerer med båtens konstruksjon og opprinnelige vektfordeling.

I mange tilfeller er det en fordel å plassere batteriet lavt og relativt sentralt i båten. Det kan bidra til god balanse og lavt tyngdepunkt. Samtidig må plasseringen vurderes opp mot tilgang for inspeksjon, service, kabelføring og eventuell utskifting. En god løsning er derfor både teknisk trygg og praktisk tilgjengelig.

LADING OG ENERGIKILDER

Lading avgjør hvor praktisk en elektrisk båt blir i hverdagen. En god ladeløsning gjør elektrisk drift enkel, forutsigbar og behagelig. En dårlig løsning kan derimot skape frustrasjon, selv om både motor og batteri i utgangspunktet er riktig valgt.

Rekkevidden avhenger derfor av batteristørrelsen, ladehastigheten, hvor ofte båten kan kobles til strøm, og hvor godt ladingen passer til bruken. En båt som brukes til korte turer og lades etter hver tur, kan fungere godt med en relativt enkel løsning. Brukes den ofte, lenge eller langt fra hjemmehavn, krever det bedre planlegging.

I dette kapitlet ser vi på lading som del av hele energisystemet om bord. Landstrøm, ladeeffekt, solceller, generator, hybridløsninger og gode laderutiner må vurderes sammen med batterikapasitet, bruksmønster og nødvendig reserve. Målet er at båten skal være klar når den skal brukes, og at ladingen skal oppleves som en naturlig del av båtlivet.

Praktisk poeng: Lading er en del av rekkevidden. En løsning med stort batteri kan bli upraktisk dersom ladingen er for svak eller ladetiden mellom turene er for kort.

Lading er en del av rekkevidden
Rekkevidde handler både om batteristørrelse og om hvor ofte og hvor raskt båten kan lades. En liten batteribank kan fungere godt dersom båten brukes til korte turer og lades etter hver tur. En stor batteribank kan derimot bli upraktisk hvis ladingen er for svak, eller hvis det tar for lang tid å fylle opp energien som er brukt.

Mange fritidsbåter lades fra landstrøm. Da må båtens elektriske anlegg, ladekabel, lader og havnens uttak tåle belastningen. Dårlig kontakt, feil kabelbruk og overbelastning kan føre til varmgang og i verste fall brannfare.

Ladeeffekt måles i kilowatt, kW, og forteller hvor raskt batteriet kan tilføres energi. En lader på 2 kW tilfører omtrent 2 kWh per time før tap. Trenger batteriet 5 kWh for å komme tilbake til ønsket ladenivå, vil ladingen ta flere timer med lav ladeeffekt. Høyere effekt kan redusere ladetiden, men krever at batteri, lader, kabler, sikringer og strømtilførsel er dimensjonert for det.

I praksis må lading alltid vurderes sammen med båtens egenart, bruksmønster og sikkerhetsbehov. To båter med samme lengde kan ha ulikt energiforbruk, forskjellig batterikapasitet og ulike lademuligheter. Beregninger gir derfor et startpunkt for videre vurdering.

Et godt praktisk grep er å skrive ned antakelsene før man regner: ønsket marsjfart, driftstid, tilgjengelig lading, forventet ladeeffekt og nødvendig reserve. Da blir det lettere å se om forventningene er realistiske, og om båten faktisk kan lades raskt nok mellom turene.

Solceller
Solceller kan være et nyttig supplement i en elektrisk båt, særlig til forbruk om bord og langsom etterlading av batteriet. De kan bidra med energi til lys, instrumenter, kjøleboks, lading av småelektronikk og annet lavt forbruk. Over tid kan de også gi et lite, men verdifullt bidrag til fremdriftsbatteriet.

Det er likevel viktig å ha realistiske forventninger. Solceller gir energi når det er nok lys, men produksjonen varierer mye med vær, årstid, skygge, plassering og panelstørrelse. På en båt kan panelene lett få skygge fra mast, bom, kalesje, rekke, personer eller annet utstyr. Da kan produksjonen bli lavere enn man først tror.

Solceller fungerer derfor som regel best som supplement til fremdriften. En elektrisk motor kan bruke flere kilowatt når båten går, mens solceller ofte leverer langt mindre effekt i praktisk bruk. De kan vanligvis bidra til å forlenge tiden mellom ladinger eller redusere noe av forbruket om bord, mens landstrøm fortsatt er hovedkilden til lading.

I noen tilfeller kan solceller likevel ha større betydning. Dersom båten har svært lavt energibehov, brukes i lav fart og ligger mye stille mellom turene, kan de bidra merkbart. Dette gjelder særlig når båten har god plass til paneler, lite skygge og brukes i perioder med gode solforhold.

For båteieren gjelder det å se solceller som en del av hele energibudsjettet. De kan gi et positivt bidrag, men produksjonen må beregnes forsiktig. Det er bedre å bli positivt overrasket enn å planlegge en tur ut fra en ytelse som bare oppnås under ideelle forhold.

Diskuter derfor løsningen med leverandøren eller installatøren. Be om en realistisk vurdering av hva solcellene kan bidra med, og en forklaring på valget av paneler, regulator, batteri, kabler, sikringer og lader. Da blir det lettere å forstå hvilken rolle solcellene bør ha i energisystemet.

Generator og hybrid

En generator eller hybridløsning kan være aktuell når bruksmønsteret krever mer rekkevidde, lengre driftstid eller større sikkerhetsmargin enn ren elektrisk drift gir. Det kan gjelde båter som brukes på lengre turer, i områder med begrenset tilgang til lading, eller i situasjoner der båten må kunne fortsette selv om batteriet begynner å bli lavt.

En generator kan produsere strøm om bord. Strømmen kan brukes til å lade batteriet, forsyne elektrisk utstyr eller bidra til fremdrift gjennom det elektriske systemet, avhengig av hvordan løsningen er bygget opp. På den måten gir generatoren ekstra fleksibilitet og trygghet, særlig når båten brukes utenfor et fast og forutsigbart lademønster.

Hybridløsninger finnes i flere former. Noen båter bruker elektrisk motor som hovedfremdrift og generator som reserve eller rekkeviddeforlenger. Andre kombinerer forbrenningsmotor og elektrisk motor i et mer integrert system. Felles for løsningene er at båten får flere energikilder, men også et mer sammensatt teknisk system.

Et viktig poeng er at en elektrisk motor i prinsippet kan virke begge veier. Når den får elektrisk energi, fungerer den som motor og driver propellen rundt. Dersom propellen drives rundt utenfra, kan motoren i stedet gå over til å fungere som generator. Da omdannes mekanisk bevegelse tilbake til elektrisk energi.

Dette kjenner mange fra elbiler. Når bilen bremser, kan motoren brukes som generator. Bevegelsesenergien blir da delvis gjort om til strøm og sendt tilbake til batteriet. Det kalles regenerering.

Det samme prinsippet kan utnyttes i en båt. Under normal fremdrift leverer batteri og motorstyring energi til motoren. Motoren driver propellen, og propellen skyver båten fremover. Men dersom propellen i stedet drives rundt av vannstrømmen, kan motoren begynne å produsere strøm. Dette kan skje hvis båten seiler, slepes, driver med strømmen, eller hvis bølger og vannbevegelse får propellen til å rotere uten at motoren aktivt driver den.

I praksis betyr dette at propellen ikke bare kan bruke energi. Under visse forhold kan den også føre energi tilbake til det elektriske systemet. Hvor mye som faktisk kan produseres, avhenger av propell, motortype, motorstyring, fart gjennom vannet og om systemet er laget for å ta imot slik regenerering.

Dette er viktig i en hybridløsning med generator om bord. Dersom generatoren lader batteriet samtidig som den elektriske fremdriftsmotoren plutselig leverer energi tilbake fordi propellen drives rundt av vannet, kan systemet få to energikilder som mater inn strøm samtidig. Da må styringen vite hva som skal skje med energien.

En generator har normalt en regulering som forsøker å holde riktig spenning og belastning. Den forventer at strømmen går fra generatoren og inn i båtens elektriske system. Hvis det samtidig kommer energi tilbake fra motor og propell, kan spenningen i systemet stige. Generatorens regulator kan da få problemer med å tolke belastningen riktig. Den kan redusere effekten, bli ustabil, koble ut eller i verste fall føre til feil dersom systemet ikke er konstruert for dette.

Et godt praktisk råd er derfor å vurdere om lading fra generator bør skje når båten ligger i ro. Da er propellen normalt ikke i drift, og risikoen blir mindre for at fremdriftsmotoren samtidig begynner å produsere energi tilbake til systemet. Det kan gi en enklere og mer forutsigbar ladesituasjon, fordi generator, lader, BMS og batteri arbeider under roligere og mer kontrollerte forhold.

Dette betyr ikke at hybridløsninger er problematiske i seg selv. Det betyr at samspillet mellom generator, batteri, BMS, motorstyring og propell må være planlagt. Systemet må vite når batteriet kan ta imot lading, når generatoren skal levere effekt, når regenerering er tillatt, og hvordan overskuddsenergi skal håndteres.

BMS-en har en særlig viktig rolle. Den overvåker batteriet og avgjør om det kan ta imot mer energi. Hvis batteriet er fullt, kaldt, varmt eller av andre grunner ikke kan lades, må systemet hindre at energi fra generator eller regenerering presser spenningen for høyt. Derfor må det finnes tydelige regler, vern og styring som beskytter både batteri og elektronikk.

Fordelen med generator eller hybrid er først og fremst økt sikkerhet og fleksibilitet. Båteieren blir mindre avhengig av landstrøm, og det kan bli enklere å planlegge lengre turer. Hvis været endrer seg, strømmen blir sterkere enn forventet, eller turen tar lenger tid, kan generatoren gi en ekstra energireserve.

Samtidig må man være klar over ulempene. En hybridløsning gir flere komponenter, mer styring, større plassbehov, høyere vekt og mer vedlikehold. Kostnaden blir ofte høyere enn ved en ren elektrisk løsning. I tillegg kommer støy, eksos, drivstoffhåndtering og service på generator eller forbrenningsmotor.

Hybrid bør derfor velges når bruksmønsteret faktisk krever det. Dersom båten stort sett brukes til korte turer, har god tilgang til lading og tilstrekkelig batterireserve, kan en ren elektrisk løsning være enklere, stillere og mer driftssikker i hverdagen.

For båteieren betyr dette at generator og hybrid bør diskuteres grundig med leverandør eller installatør. Be om en enkel forklaring på hvordan generator, batteri, BMS, motorstyring og propell samspiller. Spør også hva som skjer dersom propellen driver motoren som generator, om batteriet kan ta imot energien, hvordan lading under fart eventuelt håndteres, og om lading fra generator bør skje når båten ligger i ro.

Da blir det lettere å vurdere om hybrid faktisk gir nødvendig trygghet, eller om en enklere elektrisk løsning er tilstrekkelig.

Laderutine

En elektrisk båt fungerer best når lading blir en naturlig del av bruken. På samme måte som man tidligere hadde rutiner for drivstoff, olje og motorstart, bør man ha en enkel og trygg rutine for lading. Målet er at båten skal være klar når den skal brukes, og at batteriet gir trygghet i hverdagen.

En god laderutine kan være enkel: koble til etter tur, kontrollere at ladingen starter, følge med på ladestatus og sjekke at batteriet er klart til neste tur. Når dette blir en vane, blir elektrisk drift mer forutsigbar. Båteieren slipper å lure på om det er nok energi igjen, og turen kan planlegges med større trygghet.

Det er også viktig å vite hvor lang tid ladingen normalt tar. Dersom båten brukes til korte turer og lades etter hver tur, kan selv moderat ladeeffekt være tilstrekkelig. Brukes båten ofte, lenge eller med høyt effektforbruk, må rutinen tilpasses. Da må man vite om batteriet rekker å bli ladet opp før neste bruk.

Lading bør samtidig utføres på en trygg måte. Ladekabel, kontakt, lader og landstrømanlegg må være egnet for belastningen. Dårlig kontakt, skadet kabel, feil bruk av skjøteledning eller overbelastning kan føre til varmgang og brannfare. Derfor bør kabel og kontakt kontrolleres jevnlig, og lading skje etter leverandørens anbefalinger.

Batteriets styringssystem og ladeutstyr gir ofte nyttig informasjon. Statusvisning, varsler og ladetilstand bør brukes aktivt. Dersom systemet viser feil, unormal temperatur, avbrutt lading eller andre varsler, bør dette undersøkes før båten tas i bruk igjen.

I praksis må laderutinen alltid vurderes sammen med båtens egenart og bruksmønster. En båt som brukes til korte kveldsturer fra samme brygge, trenger en annen rutine enn en båt som brukes til lengre turer, overnatting eller arbeid. Tilgang til landstrøm, ladeeffekt, batteristørrelse og nødvendig reserve avgjør hvor enkel eller krevende rutinen blir.

For båteieren betyr dette at laderutinen bør diskuteres med leverandør eller installatør. Be alltid om en forklaring på hvordan ladingen bør gjennomføres, hvordan ladestatus kontrolleres, og hvorfor batteri, lader, kabler, sikringer og landstrømløsning er valgt som de er. Da blir det lettere å bruke båten trygt og forutsigbart i hverdagen.

SIKKERHET, INSTALLASJON OG ANSVAR

Sikker installasjon er avgjørende når en båt skal elektrifiseres. En elektrisk fremdriftsløsning kan gi enkel, stillegående og driftssikker bruk, men bare når systemet er riktig planlagt, montert og dokumentert. Dette kapitlet gir båteieren nok kunnskap og et språk som gjør det lettere å delta aktivt i vurderingene, stille gode spørsmål til fagfolk, be om forklaringer og oppdage når noe bør undersøkes nærmere.

I en båt utsettes elektriske installasjoner for krevende forhold. Vann, salt, fukt, vibrasjoner, trange rom og høy strømstyrke gjør at komponenter, kabler, sikringer, batterier og ladere må velges med omtanke. Det som ser enkelt ut på papiret, må også fungere trygt i praksis.

Sikkerhet handler derfor om mer enn å følge et koblingsskjema. Det handler om hele anlegget: hvordan batteriet er plassert, hvordan kablene er dimensjonert, hvordan sikringer og brytere beskytter systemet, hvordan nødutkobling fungerer, og hvordan installasjonen kan kontrolleres og vedlikeholdes over tid.

For båteieren betyr dette at gode spørsmål er en viktig del av ansvaret: Hvorfor er denne motoren valgt? Hvordan er batteriet beskyttet? Er kablene dimensjonert for strømmen de skal føre? Hvor sitter sikringene? Hvordan kobles systemet ut ved feil? Hvilken dokumentasjon følger med?

Når slike spørsmål stilles tidlig, blir det lettere å få en løsning som er trygg, forståelig og egnet for båten. En god elektrisk installasjon skal virke når alt er normalt, og den skal også være planlagt for feil, service, nødsituasjoner og videre vedlikehold.

Husk: Sikkerhet handler om hele installasjonen: batteri, kabler, vern, brytere, nødutkobling, fuktbeskyttelse, dokumentasjon og faglig kontroll.

Sikkerhet først
Elektrifisering av båt kan gi enkel, stillegående og driftssikker bruk, men bare dersom anlegget er riktig planlagt, installert og dokumentert. En båt er et krevende miljø for elektriske installasjoner. Vann, salt, vibrasjoner, trange rom og høy strømstyrke gjør at løsningen må vurderes grundig før den tas i bruk.

Sikkerhet handler derfor om hele systemet, fra motor og batteri til kabler, sikringer, brytere, lader, batteristyring, nødutkobling, mekanisk montering og dokumentasjon. Delene må fungere sammen som én trygg helhet. Dersom én del er feil dimensjonert eller dårlig montert, kan det svekke både driftssikkerhet og brannsikkerhet.

Kabler og vern
Kabler må dimensjoneres for strøm, lengde, spenningsfall og miljøet de skal brukes i. I en elektrisk fremdriftsløsning kan strømmen være høy, og et batteri kan levere svært stor kortslutningsstrøm dersom det oppstår feil. Derfor må kabler, sikringer og brytere velges med stor nøyaktighet.

Sikringer og vern skal beskytte ledninger og komponenter ved feil. De må plasseres slik at de faktisk beskytter den delen av anlegget de er ment å sikre. Feil sikring, for liten kabel eller dårlig kontakt kan føre til varmgang, spenningsfall og i verste fall brann. Derfor bør fagpersoner som kjenner kravene til maritime elektriske installasjoner, alltid vurdere kabeltverrsnitt, sikringsstørrelser og koblingspunkter.

Nødutkobling

Båten bør ha en tydelig og lett tilgjengelig måte å koble fra fremdriftssystemet på. Dette er viktig ved feil, service, brannfare eller andre nødsituasjoner. En nødutkobling skal være enkel å forstå, også i en stresset situasjon.

Det bør være tydelig hva som kobles ut, hvor bryteren er plassert, og hvordan systemet settes trygt i drift igjen etterpå. Nødutkoblingen bør også dokumenteres, slik at både eier, bruker, installatør og servicepersonell forstår hvordan systemet er bygget opp.

Fukt og korrosjon

Elektriske forbindelser i båt må beskyttes godt mot fukt, salt og vibrasjon. Dårlige forbindelser kan gi spenningsfall, varmgang og driftsproblemer. Over tid kan korrosjon svekke kontakter, kabelsko, koblingspunkter og brytere. Dette kan gjøre anlegget mindre pålitelig og i noen tilfeller farlig.

God mekanisk montering er derfor like viktig som riktig koblingsskjema. Kabler må festes godt, beskyttes mot skarpe kanter og legges slik at de ikke utsettes for unødvendig bevegelse, slitasje eller vann. Koblingspunkter bør være tilgjengelige for kontroll, men samtidig godt skjermet mot fukt og mekanisk skade.

Dokumentasjon

Et elektrisk anlegg bør dokumenteres grundig. Dokumentasjonen bør inneholde koblingsskjema, komponentliste, sikringsstørrelser, kabeltverrsnitt, batteridata, laderdata og brukerveiledning. Dette gjør det lettere å forstå, kontrollere og vedlikeholde anlegget.

For sterkstrømsanlegg, altså faste installasjoner på 230 eller 400 volt, gjelder strengere krav. Det gjelder også i fritidsbåter. Slike anlegg skal normalt utføres av fagpersonell i en registrert elektrovirksomhet. I Norge skal virksomheter som lovlig utfører arbeid på elektriske anlegg, være registrert i Elvirksomhetsregisteret. DSB opplyser at kunden har ansvar for å kontrollere at virksomheten står i registeret[1].

---

[1] Direktoratet for samfunnssikkerhet og beredskap, DSB, opplyser at virksomheter som lovlig skal utføre arbeid på elektriske anlegg i Norge, skal være registrert i Elvirksomhetsregisteret, og at kunden har plikt til å kontrollere dette.

En samsvarserklæring viser at det elektriske arbeidet er utført i samsvar med kravene i regelverket. Den viser hvem som har utført arbeidet, hva som er gjort, hvilke normer som er brukt, og at ansvarlig virksomhet står inne for at arbeidet oppfyller sikkerhetskravene.

Kravet følger av forskrift om elektriske lavspenningsanlegg. Der står det at den som er ansvarlig for prosjektering, utførelse eller endring av et elektrisk anlegg, skal utstede en erklæring om samsvar. Erklæringen, sammen med nødvendig dokumentasjon, skal overleveres til eieren av anlegget.[2]

God dokumentasjon gjør feilsøking og service enklere. Den gir også trygghet dersom båten skal selges, bygges om eller kontrolleres senere. Dokumentasjon og samsvarserklæring er derfor både en del av sikkerheten og et praktisk grunnlag for videre oppfølging.

Standarder og fagfolk

Småbåter omfattes av tekniske standarder for elektriske anlegg og elektrisk fremdrift. Som båteier bør man først og fremst vite at kravene finnes, og bruke leverandører og installatører som kan dokumentere at løsningen er vurdert etter relevante standarder og god faglig praksis.

For båteieren betyr dette å stille tydelige spørsmål: Hvilke standarder er løsningen vurdert etter? Hvorfor er akkurat denne motoren valgt? Hvordan er batteri, kabler, sikringer, lader og nødutkobling dimensjonert? Hvordan er brannfare, fukt, korrosjon og mekanisk belastning vurdert?

Beregninger er et viktig startpunkt, men de må alltid vurderes sammen med båtens egenart, bruksmønster og tekniske oppbygning.

---

[2] Forskrift om elektriske lavspenningsanlegg § 12 stiller krav om erklæring om samsvar ved prosjektering, utførelse eller endring av elektriske anlegg, og at erklæringen med dokumentasjon skal overleveres til eieren av anlegget.

Skriv derfor ned forutsetningene før du bestemmer løsning: marsjfart, driftstid, lading, reserve, batteriplassering, kabelstrekk, vern, nødutkobling og dokumentasjonskrav. Da blir det lettere å se om løsningen er realistisk, trygg og egnet for båten.

Sikker elektrifisering handler til slutt om helhet. En god løsning skal virke på en rolig dag og samtidig være forståelig, dokumentert og trygg når noe uventet skjer.

ØKONOMI OG PRAKTISKE VALG

Økonomi handler om kroner, tilbakebetalingstid, bruksglede, trygghet, risiko og hvor godt løsningen passer til den faktiske bruken. En elektrisk fremdriftsløsning kan gi lavere energikostnader og mindre vedlikehold, men krever samtidig investering i motor, batteri, lader, kabler, sikringer, styring og installasjon.

Dette kapitlet vurderer elektrifisering som en praktisk investering. Spørsmålet er både om prosjektet lønner seg i snever økonomisk forstand, og om løsningen gir verdi for båteieren. For noen ligger verdien i lavere driftskostnader. For andre handler den om stillhet, mindre vibrasjon, enklere bruk, bedre manøvrering eller muligheten til å bruke båten oftere og mer behagelig.

Samtidig må risikoen vurderes. Et for lite batteri kan gi rekkeviddeangst og begrense bruken. En for stor motor kan øke kostnaden uten å gi praktisk nytte. En svak ladeløsning kan gjøre båten upraktisk i hverdagen, selv om batteriet i teorien er stort nok. Derfor må økonomien alltid ses i sammenheng med bruksmønster, ønsket marsjfart, lademuligheter og nødvendig sikkerhetsmargin.

I dette kapitlet ser vi på kostnader, driftsøkonomi, vedlikehold og riktig dimensjonering. Når tallene kobles til praktisk bruk, blir det lettere å vurdere om elektrifisering er en god investering for akkurat denne båten og denne båteieren.

Økonomi, bruksglede og riktig dimensjonering

Når en båteier vurderer elektrifisering, kommer spørsmålet ofte raskt: «Lønner det seg?» Det er naturlig, og svaret krever en helhetlig vurdering. Elektrifisering handler om mer enn tilbakebetalingstid. Drivstoffkostnaden kan bli lavere, og vedlikeholdet enklere, men investeringen i motor, batteri, lader, kabler, styring og installasjon kan være betydelig. I tillegg har komfort, stillhet, mindre lukt, mindre vibrasjon og enklere bruk også en verdi.

Derfor bør økonomien vurderes bredere enn som et regnestykke mellom strøm og drivstoff. For noen båteiere kan elektrifisering være økonomisk fornuftig fordi båten brukes ofte, har et forutsigbart bruksmønster og kan lades enkelt i hjemmehavn. For andre kan den største gevinsten være økt bruksglede. En stille båt som er enkel å starte, lett å manøvrere og behagelig å bruke på rolige turer, kan føre til at båten brukes mer.

Investeringskostnad

De største kostnadene ved elektrifisering er vanligvis batteri, motor, lader, motorstyring, kabler, sikringer, brytere, montasje og eventuell tilpasning av aksling eller propell. Batteriet er ofte den dyreste enkeltkomponenten, men installasjonsarbeidet kan også utgjøre en stor del av totalen.

Dette gjelder særlig eldre båter. Der kan demontering, tilpasning av motorfester, vurdering av aksling, plassering av batteri og oppgradering av elektrisk anlegg ta tid. Det som først ser ut som en enkel motorutskifting, kan derfor bli et større prosjekt dersom båten trenger tekniske tilpasninger.

En realistisk kostnadsvurdering bør omfatte hele systemet. Motor, batteri, propell, lader, kabler, sikringer og arbeidstimer må ses samlet. Først da får man et riktig bilde av hva elektrifiseringen faktisk vil koste.

Driftskostnad

Elektrisk energi er ofte billigere per tur enn bensin eller diesel. Dersom båten brukes mye, kan lavere energikostnad over tid få betydning. Samtidig avhenger driftskostnaden av strømpris, ladeplass, ladeavtale, batteriets levetid og hvor effektivt båten brukes.

For båter som brukes lite, blir den økonomiske tilbakebetalingen ofte svakere. Da kan det ta lang tid før lavere energikostnad veier opp for investeringen. For båter som brukes ofte, eller har et svært forutsigbart bruksmønster, kan regnestykket bli mer positivt.

Det er derfor viktig å ta utgangspunkt i faktisk bruk. Hvor mange timer brukes båten i løpet av en sesong? Hvor mye energi går med per tur? Hvor ofte kan den lades? Hvor lenge forventes batteriet å vare? Slike spørsmål gir et bedre grunnlag enn å sammenligne strømpris og drivstoffpris alene.

Vedlikehold

En elmotor har færre bevegelige deler enn en forbrenningsmotor. Det kan gi mindre servicebehov og færre tradisjonelle motoroppgaver, som oljeskift, bytte av drivstoffilter, arbeid med eksosanlegg og vedlikehold av kjølesystem knyttet til forbrenningsmotoren. For mange båteiere kan dette gjøre båtholdet enklere.

Elektrisk drift gir et annet vedlikeholdsbehov. Systemet krever fortsatt kontroll. Kabler, kontakter, sikringer, brytere, kjøling, batterier, lader, programvare og batteristyring må følges opp. Fukt, salt og vibrasjoner kan påvirke elektriske forbindelser over tid, og anlegget må derfor kontrolleres jevnlig.

Vedlikeholdet endrer altså karakter. Det blir ofte mindre mekanisk, men mer knyttet til elektriske komponenter, tilstandskontroll og dokumentasjon. En godt installert og godt dokumentert løsning kan gjøre dette arbeidet enklere og tryggere.

Verdien av riktig dimensjonering

Den dyreste feilen er ofte å velge feil størrelse på systemet. For lite batteri kan gi rekkeviddeangst og begrense bruken av båten. Da kan båten teknisk sett være elektrifisert, men likevel oppleves upraktisk fordi eieren hele tiden må bekymre seg for om energien strekker til.

For stor motor kan også bli en kostbar feil. Dersom skroget ikke kan utnytte effekten effektivt, gir en større motor liten praktisk nytte. Den kan koste mer, kreve kraftigere kabler, større sikringer, større batteri og mer omfattende installasjon, uten at båten egentlig blir bedre i normal bruk.

Riktig dimensjonering handler derfor om balanse. Motoren skal passe til skroget, propellen, ønsket marsjfart og faktisk bruksmønster. Batteriet skal gi nok brukbar kapasitet og nødvendig reserve, men uten at løsningen blir unødvendig tung, dyr eller plasskrevende. Laderen må passe både til batteriet og til tiden båten vanligvis ligger til lading.

Beslutningen

En god beslutning kombinerer tall og bruksglede. Dersom målet er stille dagsturer i 4 til 5 knop, og båten kan lades i hjemmehavn etter bruk, kan elektrifisering være svært attraktivt. Da passer bruken godt med styrkene til elektrisk fremdrift: rolig gange, lavt støynivå, enkel betjening og forutsigbar lading.

Dersom båten derimot ofte skal gå lange etapper i 7 til 8 knop, bør regnestykket vurderes ekstra nøye. Høyere fart kan gi betydelig høyere effektforbruk, større batteribehov, lengre ladetid og høyere kostnad. I slike tilfeller må man undersøke om ren elektrisk drift faktisk passer, eller om bruksmønsteret bør justeres.

Et godt praktisk grep er å skrive ned antakelsene før man bestemmer seg: ønsket marsjfart, forventet driftstid, tilgjengelig lading, nødvendig reserve, investeringskostnad, vedlikeholdsbehov og forventet bruksglede. Da blir det lettere å se om elektrifisering er realistisk, økonomisk forsvarlig og praktisk nyttig.

Elektrifisering bør derfor vurderes som et helhetlig valg der økonomi, bruksmønster, komfort, sikkerhet og riktig dimensjonering ses samlet. Da blir det langt enklere å velge en løsning som faktisk passer båten og båteieren.

ELBÅTEN OG FREMTIDEN

Elektrifisering av fritidsbåter er både et teknologisk spørsmål og en del av en større miljø- og samfunnsutvikling. I Norge har vi allerede sett hvordan elektrisk mobilitet kan endre vaner, teknologi og marked på land. På sjøen har utviklingen gått saktere, men mange av de samme drivkreftene er til stede: behovet for lavere utslipp, mindre støy, bedre energieffektivitet og mer bærekraftige løsninger i hele verdikjeden (Grønt skifte i båtbransjen, 2022; Overgangen til elbåter, 2021).

For saktegående fritidsbåter kan elektrisk fremdrift være særlig interessant. Slike båter brukes ofte til korte turer, moderat fart og naturopplevelser i nærområdet. Da passer eldrift godt. Fraværet av eksos, lavt støynivå og roligere gange kan gi en båtopplevelse som handler mer om nærhet til sjøen, landskapet og stillheten enn om fart. Miljøgevinsten ligger både i reduserte lokale utslipp og i at båtlivet kan få en annen karakter: mindre støy, mindre forurensning og større oppmerksomhet på energibruk.

Samtidig må elbåtens fremtid forstås realistisk. Elektrifisering passer ulike båter på ulike måter. Raske, tunge og planende modeller stiller store krav til batterikapasitet, ladeeffekt og kostnad. For mange saktegående båter er situasjonen annerledes. Der kan moderat fart, energieffektive skrog og lading i hjemmehavn gjøre elektrisk drift både praktisk og forutsigbar. Dette peker mot et viktig prinsipp: Fremtidens elbåt bør utvikles med elektrisk drift som premiss.

Det grønne skiftet i båtlivet handler derfor om mer enn å bytte ut bensin- og dieselmotorer med elmotorer. Det handler også om bedre skrogdesign, smartere energibruk, trygg batteriteknologi, ladeinfrastruktur, gjenbruk av eksisterende båter, mer sirkulær materialbruk og nye former for båtdeling (Grønt skifte i båtbransjen, 2022; WSP Sverige AB, 2021). Slik kan elektrifisering bli en inngang til å tenke nytt om både båtliv og fremdrift.

En viktig utfordring er likevel at markedet fortsatt er umodent. Mange båteiere er usikre på rekkevidde, pris og lademuligheter. Det er forståelig. En elbåt må være miljøvennlig og samtidig fungere godt i hverdagen. Forskning og markedsundersøkelser peker på at økonomi, tilgjengelig lading, god nok rekkevidde og positive brukeropplevelser er avgjørende for at flere skal vurdere elektrisk drift (Overgangen til elbåter, 2021). Utviklingen vil derfor trolig gå raskest der nytteverdien er tydelig: i saktegående båter, skjermet farvann, innsjøbåter, havnebruk, dagsturer og båter som kan lades regelmessig.

Miljøperspektivet bør derfor formidles praktisk. Mange båteiere velger elbåt fordi de først og fremst ønsker en båt som er stillere, enklere, billigere i drift og mer behagelig å bruke. Når slike fordeler kombineres med lavere lokale utslipp og mindre støy, kan miljøvalget bli en naturlig del av en bedre båtopplevelse. Det er kanskje her elbåtens viktigste mulighet ligger: Den kan gjøre et grønnere båtliv attraktivt uten at det oppleves som et offer.

Fremtiden for elbåter vil derfor avhenge av samspillet mellom teknologi, infrastruktur, pris, brukererfaringer og miljøbevissthet. Organisasjoner som Norsk Elbåtforening arbeider nettopp for å gjøre det enklere å velge elbåt, påvirke myndigheter, spre kunnskap og samle aktører som ønsker en mer elektrisk båtfremtid (Norsk Elbåtforening, 2025). Når flere får prøve gode løsninger i praksis, kan skepsis gradvis erstattes av erfaring. Da kan elbåten gå fra å være et smalt alternativ for spesielt interesserte til å bli et naturlig valg for mange båteiere som ønsker et roligere, renere og mer fremtidsrettet båtliv.

LEVERANDØRER OG LØSNINGER I ET VOKSENDE ELBÅTMARKED

Elektrifisering av båter er nå et aktivt utviklingsområde. Flere leverandører utvikler elektriske båter, drivlinjer, batteriløsninger og ombyggingspakker for ulike deler av båtmarkedet. Det gjelder både saktegående båter, seilbåter, arbeidsbåter og hurtiggående fritidsbåter.

Det er derfor viktig å skille mellom elbåtmarkedet som helhet og temaet i denne boka. Mange leverandører arbeider med elektrisk fremdrift i båter som har helt andre krav til fart, effekt og batterikapasitet enn de saktegående båtene vi konsentrerer oss om her. En hurtiggående båt trenger som regel langt mer motoreffekt og større energilager enn en snekke, seilbåt eller annen båt som går rolig gjennom vannet.

I denne boka ligger hovedvekten på saktegående fritidsbåter. Slike båter har ofte et bruksmønster og en skrogform som passer godt med elektrisk drift. Når båten brukes i moderat fart, blir energibehovet lavere, rekkevidden mer forutsigbar og batteribehovet ofte mer håndterbart.

Samtidig er det nyttig å kjenne bredden i markedet. Leverandørene viser at elektrifisering rommer flere løsninger og er et område i rask utvikling. Noen løsninger passer best for nye, helelektriske båter. Andre er utviklet for ombygging av eksisterende båter. Noen retter seg mot rolige fritidsbåter, mens andre arbeider med kraftigere systemer for hurtiggående båter eller profesjonell bruk.

Ulike typer leverandører

Markedet består av flere typer aktører. Noen leverer komplette helelektriske båter, der skrog, motor, batteri og styring er utviklet som én samlet løsning. Andre leverer elektriske drivlinjer, pod-motorer, batterier eller tekniske systemer som kan brukes ved ombygging av eksisterende båter.

X Shore er et eksempel på en produsent som utvikler helelektriske fritids- og arbeidsbåter med vekt på stillhet, teknologi og bærekraft. Dufour Yachts viser hvordan også seilbåtprodusenter arbeider med elektriske og hybride løsninger. Silent Sea, SeaDrive, Elvene, Vita, Circular Boating og Momentum Electric Marine representerer ulike deler av markedet, fra drivlinjer og ombygging til påhengsmotorer og mer profesjonelle elektriske systemer.

Flere av disse leverandørene arbeider med både saktegående båter, høyere fart, større effektbehov og mer krevende profesjonell bruk. Derfor skal eksemplene i dette kapitlet først og fremst gi leseren et bilde av utviklingen i markedet. De er ikke ment som en direkte anbefaling av bestemte løsninger for alle saktegående båter.

For leseren er det viktigst å se forskjellen mellom mulighet og egnethet. Det finnes mange elektriske båtløsninger, og de passer ulike båter på ulike måter. En løsning som fungerer godt i en hurtiggående båt, kan være unødvendig stor, tung eller kostbar i en saktegående båt. På samme måte kan en enkel løsning for rolig drift bli for svak dersom båten skal gå raskt eller brukes tungt.

Strømsøboat som norsk eksempel

Strømsøboat var et norsk eksempel fra markedet for elektriske båter. Selskapet utvikler og bygger helelektriske modeller som kan drives av solenergi, med vekt på stillegående drift, lave utslipp og brukervennlige løsninger.

I forbindelse med ombyggingen av min Polar 22 til elektrisk drift var Strømsøboat en av selskapene jeg var i dialog med. Siden jeg bor i

Larvik og selskapet holder til i Holmestrand, var den geografiske nærheten praktisk.

Eksemplet er faglig relevant fordi det viser en annen vei enn ombygging av eldre båter. Her utvikles fartøyet fra starten av med elektrisk drift som utgangspunkt. Det gjør det mulig å se skrog, energibruk, solceller, batteri og brukeropplevelse som én samlet løsning.

Samtidig må også slike løsninger vurderes ut fra bruken. En båt som er utviklet for rolig, energieffektiv drift, har andre kvaliteter enn en modell laget for høy fart. Begge kan være elektriske, men stiller ulike krav til motor, batteri, lading og økonomi.

Hva bør båteiere ta med seg?
For leseren er hovedpoenget enkelt: Det finnes flere leverandører og flere tekniske veier til elektrisk båtliv. Elektriske løsninger finnes både for saktegående båter, seilbåter, arbeidsbåter og hurtiggående båter. Ulike løsninger passer ulike behov.

Denne boka konsentrerer seg om saktegående fritidsbåter, fordi elektrisk fremdrift ofte kan gi særlig god nytte der energibehovet er moderat. Stillhet, lite vibrasjoner, enklere drift og lavere lokale utslipp kan gi en svært god båtopplevelse når fart, rekkevidde og lading passer til bruken.

Før man kontakter en leverandør, bør man derfor ha tenkt gjennom de viktigste spørsmålene:

- Hva slags båt har jeg?
- Hvor fort ønsker jeg vanligvis å gå?
- Hvor lenge skal båten brukes mellom hver lading?
- Hvor kan jeg lade?
- Hvor stor sikkerhetsmargin trenger jeg?

Når disse spørsmålene er avklart, blir det lettere å føre en god dialog med leverandører. Da kan man sammenligne løsninger mer realistisk og unngå å velge et system som ser riktig ut på papiret, men passer dårlig i praktisk bruk.

De mer tekniske spørsmålene om dimensjonering, installasjon, kabler, vern, batteristyring og praktisk elektrifisering behandles grundigere i neste bok. Her er det viktigst å forstå markedet, se mulighetene og starte med riktig spørsmål: Hvilken løsning passer best til båten og bruken min?

NESTE BOK: TEKNISK FORDYPNING

Denne boka er den første i en planlagt serie om elektrifisering av fritidsbåter. Målet har vært å gi båteieren oversikt, språk og et bedre beslutningsgrunnlag. Den skal gjøre det lettere å forstå egen båt, vurdere realistisk fart og rekkevidde, stille gode spørsmål og gå tryggere inn i dialogen med leverandører og fagfolk.

Den neste boka går dypere inn i teknikken bak elektriske båter. Der flyttes oppmerksomheten fra spørsmålet «Passer elektrisk fremdrift for min båt?» til «Hvordan fungerer systemet egentlig?» Leseren får en grundigere innføring i batterier, BMS, motorstyringer, elektriske motorer, kabler, vern, sensorer og kommunikasjonssystemer som CAN-buss.

Mens denne boka gir en praktisk innføring for båteiere, blir den neste mer teknisk og fordypende. Der den første hjelper deg å stille gode spørsmål, skal oppfølgeren bidra til at du forstår svarene enda bedre.

Før du går videre med egen båt, bør du bruke boka som et beslutningsverktøy. En trygg vurdering starter med noen konkrete kontrollspørsmål:

- Jeg kjenner båtens vanlige marsjfart og har vurdert om den ligger i et energieffektivt område.
- Jeg vet hvor lenge båten normalt skal brukes mellom hver lading.
- Jeg har vurdert lengste realistiske tur og lagt inn en tydelig sikkerhetsmargin.
- Jeg har tilgang til lading som passer bruksmønsteret.
- Jeg har vurdert batteriplassering, vektfordeling, kabler, vern og nødutkobling sammen med fagfolk.
- Jeg har bedt leverandør eller installatør forklare hvorfor motor, batteri, propell og lader er valgt.

Dersom flere av punktene er uklare, bør du stoppe opp og hente inn mer informasjon før du bestiller utstyr. Hvis de kan besvares tydelig, har du et langt bedre grunnlag for å velge en løsning som passer båten, bruken og sikkerheten om bord.

Slik blir elektrifisering en gjennomtenkt energiplan for tryggere, stillere og mer forutsigbare båtturer.

ORDLISTE

230 V-lader: Batterilader som kobles til vanlig landstrøm. Den omformer nettspenning til riktig ladespenning og ladestrøm for batteriet.

AC-motor: Elektrisk motor som drives med vekselstrøm. I moderne fremdriftssystemer brukes AC-motorer ofte sammen med motorstyring som regulerer hastighet og dreiemoment.

AGM-batteri: Lukket blybasert batteri der elektrolytten er bundet i glassfibermatter. AGM-batterier er mer vedlikeholdsvennlige enn tradisjonelle åpne blybatterier, men har lavere energitetthet enn litiumbatterier.

Akterspeil: Den bakre flaten på båten. På mange mindre båter er det her påhengsmotoren monteres.

Aksling: Roterende forbindelse mellom motor og propell i mange innenbordsinstallasjoner. Akslingen overfører dreiemoment fra motoren til propellen.

Ampere (A): Måleenhet for elektrisk strøm. Ampere angir hvor stor strøm som går i en kabel eller til en forbruker.

Arbeidsbåt: Båt som brukes som verktøy i arbeid, for eksempel i havn, oppdrett eller lokal transport. Elektrifisering av arbeidsbåter krever særlig vekt på driftstid, robusthet og lademuligheter.

Batteri: Energilageret i en elektrisk båt. Batteriet lagrer elektrisk energi som motoren bruker til fremdrift.

Batterialder: Hvor gammelt batteriet er, og hvor mye det er brukt. Alder, antall sykluser, temperatur og belastning påvirker kapasitet og levetid.

Battericelle: Den minste elektrokjemiske enheten i et batteri. Flere celler kobles sammen for å oppnå ønsket spenning og kapasitet.

Batterikapasitet: Mengden energi et batteri kan lagre. I elektriske båter oppgis kapasiteten ofte i kilowattimer (kWh).

Batteripakke: Flere battericeller eller batterimoduler som er koblet sammen til ett samlet batterisystem.

Batteritank: Pedagogisk sammenligning der batteriet forstås som båtens energitank. I stedet for liter drivstoff måles energien i kilowattimer (kWh).

Belastning: Hvor hardt motor, batteri eller elektrisk anlegg arbeider. Høy belastning gir ofte høyere strøm, mer varme og raskere energibruk.

Blybatteri: Batteritype basert på bly og svovelsyre. Blybatterier er ofte rimelige, men tunge, og bør normalt ikke utlades for dypt.

BMS: Forkortelse for *Battery Management System*, på norsk batteristyringssystem. Systemet beskytter batteriet mot feil bruk og bidrar til trygg drift.

Brukbar batterikapasitet: Den delen av batteriets kapasitet som faktisk bør brukes i normal drift. Reserve, sikkerhetsmargin og batteritype gjør at hele den teoretiske kapasiteten ofte ikke bør inngå i normal planlegging.

Bruksmønster: Måten båten faktisk brukes på, for eksempel typisk fart, turvarighet, farvann, last, lademuligheter og behov for reserve.

Bølgemotstand: Motstand som oppstår fordi båten lager bølger når den beveger seg gjennom vannet. For deplasementsbåter øker bølgemotstanden ofte kraftig når farten nærmer seg skroghastigheten.

Bølgesystem: Bølgene en båt lager når den beveger seg gjennom vannet. For deplasementsbåter er dette viktig fordi motstanden øker kraftig når båten nærmer seg skroghastigheten.

CAN-buss: Digitalt kommunikasjonssystem som kan brukes mellom komponenter som batteri, motorstyring, display og lader.

DC-motor: Elektrisk motor som drives med likestrøm. DC-motorer kan brukes i elektrisk fremdrift, men moderne systemer kan også bruke AC-motorer med elektronisk styring.

Deplasementsbåt: Båt som hovedsakelig fortrenger vann i stedet for å plane oppå vannflaten. Snekker, sjarker og mange seilbåter er typiske eksempler.

Deplasementsskrog: Skrog som er laget for å gå gjennom vannet i rolig og jevn fart. Slike skrog kan være godt egnet for elektrisk fremdrift ved moderat fart.

Dimensjonering: Valg av riktig størrelse og kapasitet på motor, batteri, kabler, vern og lader ut fra båtens bruk og sikkerhetsbehov.

Distanse: Hvor langt båten går. I båt brukes ofte nautiske mil som måleenhet.

Dreiemoment: Motorens vridende kraft. Elektriske motorer kan ofte gi godt dreiemoment ved lav fart, noe som er nyttig ved manøvrering.

Drev: Mekanisk overføring mellom motor og propell. Drevet overfører kraften fra motoren til propellen.

Driftskostnad: Kostnadene ved å bruke båten over tid, for eksempel strøm, vedlikehold og utskifting av komponenter.

Driftssikkerhet: Hvor trygt og stabilt systemet fungerer i praktisk bruk over tid. God driftssikkerhet krever riktig dimensjonering, montering og vedlikehold.

Driftstid: Hvor lenge båten kan gå for motor før batteriet må lades, eller før planlagt reserve er nådd.

Dyp utlading: Utlading der et batteri tappes langt ned. Dette kan skade enkelte batterityper, særlig blybatterier, og bør begrenses etter produsentens anbefalinger.

EFB-batteri: Forbedret blybatteri som ofte brukes i biler med start-stopp-system. Det tåler flere sykluser enn tradisjonelle startbatterier.

Effekt: Hvor raskt energi brukes eller leveres i øyeblikket. Effekt måles i watt (W) eller kilowatt (kW).

Effektbehov: Hvor mye motoreffekt båten trenger for å oppnå ønsket fart under bestemte forhold.

Effektforbruk: Hvor mye effekt motoren bruker i øyeblikket. Høyere effektforbruk gir raskere utlading av batteriet.

Effektiv marsjfart: Farten der båten går lett og bruker relativt lite energi i forhold til fremdriften den gir.

Elektrifisering: Å erstatte eller supplere forbrenningsbasert drift med elektriske løsninger. I denne boka gjelder det særlig elektrisk fremdrift i saktegående fritidsbåter.

Elektrisk anlegg: Alle elektriske komponenter og forbindelser i båten, for eksempel batteri, kabler, vern, brytere, lader og motorstyring.

Elektrisk fremdrift: Fremdrift der en elektrisk motor driver propellen. Energien kan komme fra batteri, generator, solceller eller en kombinasjon av energikilder.

Elektrisk påhengsmotor: Elektrisk motor som monteres utenpå akterspeilet eller i en tilsvarende påhengsløsning. Den kan være praktisk på mindre båter og ved enklere ombygginger.

Elektrolytt: Kjemisk medium inne i et batteri som bidrar til at elektrisk energi kan lagres og avgis.

Elmotor: Motor som omdanner elektrisk energi til mekanisk bevegelse. I båt brukes elmotoren til å drive propellen.

Energi: Evnen til å utføre arbeid. I elektriske båter måles lagret og brukt energi ofte i kilowattimer (kWh).

Energibehov: Hvor mye energi båten trenger for en bestemt tur eller driftssituasjon. Behovet påvirkes av fart, tid, last, vind, strøm og skrog.

Energibudsjett: Plan eller beregning som viser hvor mye energi som trengs, hvor mye som er tilgjengelig, og hvor stor reserve som bør beholdes.

Energieffektivitet: Hvor godt energien utnyttes. En energieffektiv båt bruker lite energi for å oppnå ønsket fremdrift.

Energikilde: Kilde som tilfører energi til systemet, for eksempel landstrøm, solceller, generator eller batteri.

Energilager: Stedet energien lagres før den brukes. I en elektrisk båt er batteriet det viktigste energilageret.

Energiplan: Praktisk plan for hvordan energien om bord skal brukes på en tur, inkludert fart, driftstid, reserve og lading.

Energitetthet: Hvor mye energi et batteri kan lagre i forhold til vekt eller volum. Høy energitetthet er en fordel i båt fordi plass og vekt er begrenset.

Fagfolk: Personer med relevant kompetanse til å prosjektere, installere, kontrollere eller vurdere elektriske anlegg i båt.

Fart: Hvor raskt båten beveger seg. I båt oppgis fart ofte i knop.

Faserekkefølge: Rekkefølgen på fasene i et trefaset elektrisk system. I en trefaset AC-motor kan motorstyringen endre faserekkefølgen for å snu rotasjonsretningen.

Forbrenningsmotor: Motor som lager kraft ved forbrenning av drivstoff, for eksempel bensin eller diesel.

Fremdriftssystem: Systemet som får båten til å bevege seg fremover. Det kan bestå av motor, propell, aksling eller drev, batteri, styring og kontrollutstyr.

Fukt: Vann eller kondens som kan påvirke elektriske komponenter. Fukt øker risikoen for korrosjon, feil og kortslutning.

Fulladet: Tilstand der batteriet er ladet opp til nivået produsenten eller systemet definerer som fullt.

GEL-batteri: Blybasert batteri der elektrolytten er bundet i gel. Det er vedlikeholdsvennlig, men har lavere energitetthet enn litiumbaserte batterier.

Generator: Maskin som produserer elektrisk energi. I båtsammenheng kan en generator brukes som ekstra energikilde eller som del av en hybridløsning.

Halvplanende båt: Båt som delvis kan løfte skroget ved høyere fart, men som vanligvis har et fartsområde mellom ren deplasementsfart og full planing.

Havnemanøvrering: Kontrollert kjøring ved lav fart i havn. Jevnt dreiemoment og presis respons fra elmotoren er ofte en fordel i slike situasjoner.

Hybridløsning: Løsning der elektrisk fremdrift kombineres med en annen energikilde, for eksempel generator eller forbrenningsmotor.

Innenbordsmotor: Motor som er montert inne i båten. Kraften overføres ofte til propellen via aksling eller drev.

Installasjon: Montering og tilkobling av utstyr. Elektriske installasjoner i båt bør utføres eller kontrolleres av kvalifiserte fagfolk.

Installatør: Fagperson eller virksomhet som monterer og kobler elektrisk utstyr.

Investeringskostnad: Kostnaden ved å kjøpe og montere løsningen, for eksempel motor, batteri, lader, kabler, vern og arbeid.

Kabel: Elektrisk leder som transporterer strøm mellom komponenter. Kabeldimensjon må tilpasses strøm, lengde, spenningsfall og sikkerhet.

Kilowatt (kW): Måleenhet for effekt. Én kilowatt tilsvarer 1000 watt.

Kilowattime (kWh): Måleenhet for energi. Et forbruk på 1 kW i én time tilsvarer 1 kWh.

Knop: Måleenhet for fart til sjøs. Én knop tilsvarer én nautisk mil per time.

Korrosjon: Nedbrytning av materialer, ofte metaller, på grunn av fukt, salt og elektriske eller kjemiske påvirkninger. Korrosjon kan skade koblinger og komponenter.

Kortslutning: Feil der strømmen tar en uønsket vei med svært lav motstand. Kortslutning kan gi høy strømstyrke, varmeutvikling og brannfare.

Lader: Utstyr som tilfører energi til batteriet på kontrollert måte. Laderen må være tilpasset batteritype og kapasitet.

Laderutine: Vaner og planer for når, hvor og hvordan batteriet lades etter bruk.

Ladetid: Tiden det tar å lade batteriet fra ett nivå til et annet. Ladetiden avhenger av batterikapasitet, laderens effekt og ladebegrensninger.

Ladetilstand: Hvor fullt batteriet er, ofte uttrykt i prosent. Kalles også *State of Charge*, forkortet SoC.

Landstrøm: Strømtilførsel fra land, vanligvis fra brygge eller båthavn. Landstrøm brukes ofte til lading i havn.

Li-ion: Samlebetegnelse for litium-ion-batterier. Slike batterier har ofte høy energitetthet og brukes i mange moderne elektriske systemer.

Likestrøm: Elektrisk strøm som går i én retning. Batterier leverer likestrøm.

Litiumbasert batteri: Batteri basert på litiumkjemi. Slike batterier har ofte lav vekt, høy energitetthet og stabil spenning sammenlignet med mange blybaserte batterier.

Lokalt utslippsfri drift: Drift uten eksosutslipp der båten brukes. Elektrisk fremdrift gir lokalt utslippsfri drift, selv om strømproduksjonen kan ha utslipp andre steder.

Manøvrering: Å styre båten kontrollert, særlig ved lav fart, i havn eller i trange områder.

Marsjfart: Den vanlige farten båten går i over tid. Ved elektrifisering er realistisk marsjfart viktigere enn maksimal fart.

Mekanisk skade: Fysisk skade på batteri, kabler eller komponenter, for eksempel fra slag, vibrasjoner eller feil montering.

Motoreffekt: Hvor mye effekt motoren kan levere. Oppgis ofte i kilowatt (kW). Maksimal motoreffekt er ikke det samme som normalt effektforbruk.

Motorstyring: Elektronikk som regulerer motorens hastighet, dreiemoment og effektuttak.

Motstand: Kraften som virker mot båtens bevegelse gjennom vannet. Motstanden øker ofte kraftig når farten øker.

Nautisk mil: Avstandsenhet til sjøs. Én nautisk mil tilsvarer 1852 meter.

Nødutkobling: Bryter eller funksjon som raskt kobler ut strømmen ved feil, fare eller servicebehov.

Overheng: Den delen av baug eller hekk som stikker utenfor vannlinjen. Overheng gjør at båtens totale lengde kan være større enn vannlinjelengden.

Planende båt: Båt som er laget for å løfte seg opp og gå på vannflaten ved høy fart. Slike båter krever ofte mye effekt.

Pod-motor: Elektrisk motorenhet som ofte er plassert under skroget eller i en egen kapsel nær propellen. Den kan gi kompakt og effektiv fremdrift.

Polaritet: Hvilken leder eller pol som er pluss og minus i et likestrømssystem.

Propell: Roterende del som omdanner motorens kraft til skyv i vannet.

Prosjektering: Faglig planlegging og beregning av en teknisk løsning før installasjon.

Rekkevidde: Hvor langt båten kan gå med tilgjengelig energi, valgt fart og realistiske forhold.

Reserve: Energi som holdes igjen av hensyn til sikkerhet. Reserve gjør at båten kan håndtere motvind, strøm, ventetid eller andre uforutsette forhold.

Robusthet: Hvor godt en løsning tåler praktisk bruk, belastning, fukt, vibrasjoner og variasjoner i forholdene.

Sakkyndig kontrollør: Kvalifisert person som kan kontrollere om anlegg og installasjoner er trygge og riktig utført.

Saktegående fritidsbåt: Fritidsbåt som vanligvis brukes i rolig eller moderat fart. Slike båter kan ofte egne seg godt for elektrisk fremdrift.

Seilbåt: Båt som hovedsakelig drives med seil, men som ofte har motor til havnemanøvrering, vindstille og transportetapper.

Sikkerhetsmargin: Ekstra kapasitet eller reserve som legges inn for å håndtere usikkerhet, feilmarginer og krevende forhold.

Sikring: Vern som kobler ut strømmen ved for høy strøm. Sikringer beskytter kabler og utstyr mot overbelastning og kortslutning.

Sjark: Mindre arbeids- eller fiskebåt. Små sjarker kan egne seg for elektrisk drift når bruken er lokal og forutsigbar.

Skrog: Båtens hovedkonstruksjon som ligger i vannet. Skrogets form har stor betydning for motstand og energibehov.

Skroghastighet: Praktisk tommelfingerregel for fartsområdet der motstanden i en deplasementsbåt begynner å øke kraftig.

Skrogmotstand: Motstanden skroget møter når det beveger seg gjennom vannet. Skrogmotstanden øker med fart, last, bølger og begroing.

Solceller: Paneler som omdanner sollys til elektrisk energi. På båt kan solceller bidra til lading, men de erstatter sjelden hovedladingen alene.

Spenning: Elektrisk trykk eller potensialforskjell. Spenning måles i volt (V) og påvirker hvordan elektrisk utstyr fungerer.

Spenningsfall: Tap av spenning i kabler eller komponenter når strøm går gjennom dem. For stort spenningsfall kan gi dårligere ytelse og varmeutvikling.

Startbatteri: Batteri som brukes til å starte en forbrenningsmotor. I biler og enkelte båter er dette ofte et 12 V blybatteri.

Strøm: Bevegelse av elektriske ladninger i en leder. Strøm måles i ampere (A).

Syklus: Én lade- og utladingsrunde for et batteri. Antall sykluser påvirker batteriets levetid.

Temperaturkontroll: Tiltak for å holde batteri og elektronikk innenfor trygge temperaturgrenser.

Trefase: Vekselstrøm med tre faser. Trefase brukes ofte i moderne AC-motorer sammen med motorstyring og inverter.

Utlading: Når batteriet leverer energi til motor eller annet utstyr. Under utlading synker energimengden i batteriet.

Utladningskurve: Kurve som viser hvordan spenning eller ytelse endrer seg etter hvert som batteriet tappes for energi.

Vannlinjelengde: Lengden av den delen av skroget som ligger i vannflaten. Vannlinjelengden brukes blant annet når skroghastighet beregnes.

Vedlikehold: Arbeid som gjøres for å holde båt og systemer i god stand. Elektrisk drift har andre vedlikeholdsbehov enn forbrenningsmotorer.

Vekselstrøm: Elektrisk strøm som skifter retning. Landstrøm er vanligvis vekselstrøm, mens batterier leverer likestrøm.

Vektfordeling: Hvordan vekten er plassert i båten. Batterienes plassering kan påvirke trim, stabilitet og sjøegenskaper.

Vern: Fellesbetegnelse for sikkerhetskomponenter som beskytter kabler, batterier og utstyr, for eksempel sikringer og brytere.

Vibrasjoner: Rystelser eller svingninger i båt og utstyr. Elektriske motorer gir ofte mindre vibrasjon enn forbrenningsmotorer.

Virkningsgrad: Hvor stor del av tilført energi som blir nyttig arbeid. Høy virkningsgrad betyr lavere tap.

Virkningsgradstap: Energi som går tapt i systemet, for eksempel som varme i motor, kabler, lader eller elektronikk.

Volt (V): Måleenhet for elektrisk spenning.

Våt flate: Den delen av skroget som er i kontakt med vannet. Større våt flate gir mer friksjon og kan øke energibehovet.

REFERANSER

Arendal kommune. (2021). *Ladeplan for elbåter i Arendal*. Innoventi & Greenstat. https://www.arendal.kommune.no/_f/p1/i6d86f8e2-aa0f-4f83-a672-2409d67954db/ladeplan-for-elbater_arendal-kommune.pdf

Bellona. (2023, 22. juli). *Fra elbil-suksess til elbåt-revolusjon*. https://bellona.no/nyheter/skipsfart/2023-07-fra-elbil-suksess-til-elbat-revolusjon

Circular Boating. (u.å.). *Circular Boating: Elektrisk framdrift båt*. Hentet 9. juni 2026 fra https://www.circularboating.com

Dufour Yachts. (u.å.). *Dufour sailboats: Coastal & bluewater cruising yachts*. Hentet 9. juni 2026 fra https://www.dufour-yachts.com

Elbåtnettverket. (u.å.). *10 fordeler med elbåter*. https://assets.website-files.com/6231a6546394bce1a66b1461/62b433c8b03ee53859540feb_10%20fordeler%20med%20elba%CC%8Ater_web.pdf

Elbåtnettverket, Lydløs, & Norsk Elbåtforening. (u.å.). *Slik kan kommuner og havner tilrettelegge for elbåter*. https://assets.website-files.com/6231a6546394bce1a66b1461/65b24bae7c4b528eeaca47e3_Hvordan%20kommuner%20og%20havner%20kan%20tilrettelegge%20for%20elba%CC%8Ater.pdf

Elektrisk båt. (u.å.). *Elektrifisert båtliv*. Hentet 9. juni 2026 fra https://elbat.org/no/

Elektrisk båt. (u.å.). *gå:LEIF*. Hentet 9. juni 2026 fra https://elbat.org/no/kategori/stories/goleif/

Elektrisk båt. (u.å.). *Grønn omstilling*. Hentet 9. juni 2026 fra https://elbat.org/no/goleif/

Electric Outboard Power. (u.å.). *Electric outboards: The future, now!*. Hentet 9. juni 2026 fra https://www.electric-outboard.co.uk

Göteborgsregionen. (2025, 25. juni). *Go:LEIF karta* [Karttjeneste]. Hentet 9. juni 2026 fra https://karta.goteborgsregionen.se/?m=goleif

Grønt skifte i båtbransjen: En studie av strategisk kommunikasjon overfor tidligbrukere i markedet for utslippsfrie fritidsbåter. (2022). [Prosjektoppgave, Handelshøyskolen BI]. https://assets.website-files.com/6231a6546394bce1a66b1461/62b9a838654c826ce84742e7_Gr%C3%B8nt%20skifte%20i%20ba%CC%8Atbransjen%20.pdf

Momentum Electric Marine. (u.å.). *Momentum Electric Marine*. Hentet 9. juni 2026 fra https://momentumelectricmarine.com

Nissen-Lie, O. H. (2023, 20. februar). *Båtmagasinet har testet 19 elbåter*. Båtmagasinet. https://www.batmagasinet.no/axopar-candela-delphia/batmagasinet-har-testet-19-elbater/803287

Norsk Elbåtforening. (2025). *Vi jobber for at det skal bli enklere å velge elbåt*. https://www.elbatforeningen.no/

SeaDrive AS. (u.å.). *SeaDrive: Electric maritime drivelines*. Hentet 9. juni 2026 fra https://www.seadrive.no

Silent Sea. (u.å.). *Elektrisk fremdrift gjør båtlivet bedre*. Hentet 9. juni 2026 fra https://www.silentsea.no

Strømsøboat. (u.å.). *Elbåter og elektrisk båtmotor*. Hentet 9. juni 2026 fra https://stromsoboat.no/

Tellefsdal, P. (2021). *Overgangen til elbåter: En studie av insentiver og strategisk kommunikasjon for elektrifisering av norske fritidsbåter* [Prosjektoppgave, Handelshøyskolen BI]. https://assets.website-files.com/6231a6546394bce1a66b1461/624cb448cbb2b5e1a4091754_Overgangen%20til%20elba%CC%8Ater.pdf

WSP Sverige AB. (2021). *Electrification of leisure boats and infrastructure: The international arena*. Business Region Göteborg. https://www.businessregiongoteborg.se/sites/brg/files/downloadable_files/external.-electrification-of-leisure-boats-and-infrastructure_-international-arena-210426_1.pdf

X Shore. (u.å.). *X Shore: The future of electric boats*. Hentet 9. juni 2026 fra https://xshore.com

REGISTER

A

B

E

F

L

M

N

O

P

R

T

U

V

Ø